本书是国家自然科学基金青年项目“农村金融市场发育对种粮大户形成的影响机理研究（编号：71703042）”、广州市哲学社会科学“十三五”规划2018年度课题“乡村振兴战略路径研究（编号：2018GZGJ37）”和2019年度广东省财政科研自主参与课题“农业补贴政策绩效与未来完善方向研究：以广东省‘农业支持保护补贴’为例（编号：Z201993）”的阶段性成果

经济管理学术文库 • 管理类

农村生态宜居与农户农药施用：认知、行为与规范

Ecological Livability in Rural and Farmers' Pesticide Application: Cognition, Behavior and Code of Conduct

蔡 键／著

经济管理出版社
ECONOMY & MANAGEMENT PUBLISHING HOUSE

图书在版编目（CIP）数据

农村生态宜居与农户农药施用：认知、行为与规范/蔡键著．—北京：经济管理出版社，2019.7

ISBN 978－7－5096－6614－2

Ⅰ.①农…　Ⅱ.①蔡…　Ⅲ.①农药施用—安全技术—研究　Ⅳ.①S48

中国版本图书馆 CIP 数据核字(2019)第 101249 号

组稿编辑：曹　靖
责任编辑：任爱清
责任印制：黄章平
责任校对：王淑卿

出版发行：经济管理出版社
（北京市海淀区北蜂窝 8 号中雅大厦 A 座 11 层　100038）
网　　址：www. E－mp. com. cn
电　　话：（010）51915602
印　　刷：北京玺诚印务有限公司
经　　销：新华书店
开　　本：720mm×1000mm/16
印　　张：10
字　　数：168 千字
版　　次：2019 年 7 月第 1 版　　2019 年 7 月第 1 次印刷
书　　号：ISBN 978－7－5096－6614－2
定　　价：68.00 元

前　言

随着社会经济的转型和发展，农村社会已由传统的农耕社会转化为“农工社会”，由此也引发了日趋严重的农业与农村污染问题（康晓梅，2015）。根据国务院公布的面源污染普查报告，农业污染的严重程度已经不亚于工业和城市生活污染，成为中国面源污染的主要来源之一，总体状况不容乐观（温铁军，2013；康晓梅，2015；汤嘉琛，2015）。农业污染的不断扩散，不仅给水体、土壤和空气带来严重的危害（饶静等，2011），还将直接威胁到农产品质量、人体健康和生态安全，进而导致巨大的经济损失和社会矛盾（袁平和朱立志，2015）。因此，党的十九大报告将“生态宜居”列入“乡村振兴战略”的20字箴言中，2018年的“中央一号”文件更是做出“乡村振兴，生态宜居是关键”的论断。农业污染问题日益严重，污染治理迫在眉睫（刘宇虹，2008）。

值得庆幸的是，农业面源污染问题已经越来越多地受到公众和学界的关注，政府也在积极探索其防治的有效措施（金书秦等，2013），农业面源污染防治工作已经明确“一控两减三基本”量化目标（金书秦和魏珣，2015）。近几年，在中央政府与社会各界的共同努力下，虽然农业与农村环境日益改善，但是农业污染问题没有得到根治。其中，农业化学品，尤其是化学农药过度投入和不正确使用现象依然严重，不仅给农民自身健康造成影响，还对农村生态环境形成极大的破坏。可见，依靠外部措施的农药污染治理效果不尽如人意，必须从农药使用者自身出发，探究农民的农药施用逻辑，方能从根源上降低与消除农药对农村社会造成的污染和破坏，真正实现生态宜居，进而推进乡村振兴。

基于此，本书借鉴计划行为理论关于人们行为决策的形成机理，提出从认知、行为和规范三个维度，逐层深入地对农民施用农药的逻辑进行研究。具体而言，本书将分为三篇，由作者在国内核心期刊发表的九篇学术论文组成。第一篇是关于农药安全认知的研究，包括三个章节，分别就农民关于农业化学品污染的认知与成因、农药使用者的安全认知与成因和农药销售者的安全认知与成因展开论述。第二篇是在第一篇研究结论的基础上，探讨农民的农药施用行为及其认知在行为形成过程中的作用，包括四个章节，前面两个章节分别探讨农药在施用过程中的农药暴露行为的影响因素与深层原因；后面两个章节则是探讨农药施用后的废弃物处置行为及其回收意愿和方式。第三篇是在第一篇和第二篇研究结论的基础上，有针对性地分析如何对农民施用农药进行规范，包括两个章节，分别就农民的农药安全认知培育和施用农药行为的安全规范展开论述。

本书兼具数据翔实和研究深入的特色。一方面，除了开篇对中国农民关于农业化学品环境污染认知的研究引用了国内公开数据库 CGSS 的数据之外，本书剩余八个章节的数据均源于研究团队在广东省各县市农村地区的实地调研。2012年8~9月，研究团队分别在粤东、粤西、粤北和珠三角等区域进行了水稻种植户、蔬菜种植户和农药零售商的入户调查。其中，水稻种植户分布在广东省11个县市，共发放问卷330份，回收有效问卷272份；蔬菜种植户分布在广东省9个县市，共发放问卷274份，回收有效问卷169份；农药零售商分布在广东省7个县市，共发放问卷142份，回收有效问卷126份。另一方面，关于现有农民施用农药的研究，大多停留在行为层面或者认知层面的单一研究，农民缺乏对施用农药的认知、行为和规范等决策形成机理进行统一、完整、成逻辑体系的研究，更是鲜有研究关注到农药施用行为既包括行为过程中的农药用量和保护装备使用，还包括农药施用后的废弃物处置，本书则是将上述问题都考虑在内。

书稿的完成依赖于前期的实地调研和九篇相关学术论文的撰写发表，左两军老师在数据调研、论文写作发表等方面给予了大力支持，邵爽博士和刘亚男博士在论文写作发表方面也有一定的贡献，在此对上述三位学者表示衷心的感谢！

由于笔者水平有限，加之时间仓促，所以书中错误和不足之处在所难免，恳请广大读者批评指正！

目　录

第一篇　农药的安全认知及其成因

第二篇　农户安全施用农药的行为及其成因

第三篇　农户施用农药的规范

第一篇
农药的安全认知及其成因

计划行为理论（TPB）提出，人的行为是经过深思熟虑的计划的结果。该理论已经成为社会学领域中研究个人行为的一个主要分析框架。分析框架认为行为态度、主观规范与知觉行为控制三者共同决定了行为意向，进而控制个人的实际行动。可见，个人对于某项行为的执行意愿与最终行动，在很大程度上将受到其对该事物的态度与认知的影响。借鉴计划行为理论的逻辑思路，本书将农药相关主体对农药安全的态度与认知作为研究农药安全使用的起点，以期全面、深入地分析农药安全使用行为的形成与规范路径。

如前所述，第一篇作为本书的开篇，将以“农药安全认知”为主要研究内容，重点探讨农药相关主体的安全认知现状及其成因。第一篇里的三个章节按照由一般到具体的逻辑展开，先探讨一般农民对农药、化肥等农业化学品污染的认知，再分别具体探讨农民中的农药使用者和农药零售商对农药的安全认知。

第一章首先利用 CGSS 2010 数据对农民关于农业化学品环境污染认知的现状进行描述分析，表明农民关于农业化学品的环境污染认知水平整体偏低；其次，在控制农户个体特征（性别、年龄、受教育程度）和种植结构基础上，重点探讨不同信息媒介对农民认知的影响，发现受教育程度、耕地规模和新兴信息媒介是农民对农业化学品污染认知的成因；最后，提出通过培训教育和规范并有效利用农资销售商发送的手机信息这两个途径来提高农民关于农业化学品环境污染的认知。

第二章在第一章研究结论“受教育水平是影响农民关于农业化学品污染认知的主要因素”的基础上，重点探讨了农药使用者受教育水平对农药安全认知的影响。首先，利用广东省11个县272位水稻种植户的调查数据分析农户的农药安全认知现状，发现中国农户的农药认知水平较低；其次，在理论分析基础上，构建有序回归模型，验证了受教育程度和地区差异是农户农药安全认知的主要成因；最后，提出农村基础教育的投入和农业培训活动的开展，应该根据经济发达水平和受教育水平分区实施的对策建议。

第三章在第一章结论与建议“提高农民安全认知需对农资销售商发送的信息内容进行严格监控”的基础上，重点探讨了农民中的农药零售商的农药安全认知及其成因。首先，利用广东省7市126个零售商的访谈数据对其农药安全认知现状进行描述分析，表明零售商的农药安全认知程度普遍偏低；其次，在理论分析基础上，构建结构方程验证了组织特性和市场份额是零售商农药安全认知的主要成因；最后，提出对零售商进行分区管理并设置严格的准入门槛和有效控制供销社下属的农药零售商数量及规模两个途径来提高农药零售商的安全认知。

第一章　农民对农业化学品污染的认知及成因[①]

摘要：关于农民对农业化学品环境污染方面的认知，将直接影响农民使用农业化学品的行为以及农村环境的污染程度，而信息媒介又是农民形成认知的主要因素。基于此，本章以 CGSS 2010 数据为基础，对农民关于农业化学品环境污染认知的现状、不同信息媒介对农民认知的影响作用以及农民的主要信息源等方面进行了研究。研究结论表明：中国农民关于农业化学品的环境污染认知水平整体偏低；报纸、广播、电视等传统信息媒介并非影响农民认知的主要因素，互联网和手机定制信息等新兴信息媒介才是影响农民认知的显著因素；新兴信息媒介已经得到越来越多农民的认可，并且不存在部分农民群体排斥新兴信息媒介的现象。据此，本研究提出通过如下两个途径来提高农民关于农业化学品环境污染的认知：一是通过培训教育的方式，重点提高受教育程度低、种植规模小的农民的电脑及互联网使用技能；二是规范并有效利用手机信息这一媒介，对农资销售商发送的信息内容进行严格监控，保证农民获得更多客观的农业化学品信息。

关键词：农业化学品；环境污染；认知；信息媒介

---

① 蔡键，邵爽，刘亚男．关于信息媒介对农民的农业化学品污染认知影响作用的研究——基于 CGSS 2010 数据的实证分析［J］．农业经济与管理，2014（6）．

第一节 问题提出

随着工业化、城镇化的发展，各国居民生活水平不断提高，与此同时，全球农村人口却不断减少。这一方面加剧了部分欠发达和发展中国家人口的饥荒和营养不良问题，另一方面也导致了全球粮食消费需求的刚性增长，因而不断增加农业单产是各国的主要发展任务之一（H. Yilmaz et al.，2010；曾靖等，2010）。各国的农业增产压力也使农产品（尤其是粮食）的集约作业和高效使用投入要素变得越来越重要（Michael J. Webb et al.，2011）。在灌溉设施、机械化、高新技术等有助于集约生产的措施难以全面推广的背景下，农业化学品（农药和化肥）越来越得到重视并在全球农业中大量施用（H. Yilmaz et al.，2010）。因为国内外的经验表明：农药和化肥等农业化学投入品是促进粮食增产最有效、最迅速的措施和途径（曾靖等，2010；蔡荣，2010；宁满秀和吴小颖，2011）。

然而，对农业产出及农业增长的过分关注与担忧很可能导致对环境污染的忽略，因为在高农业投入（尤其是农业化学品）推动农业增产的同时，可能引发一系列的环境问题（Jan Lewandrows et al.，1997）。不可否认，虽然化学物质的投入具有一定的价值，它们有助于农业生产者扩大产出和收入，提高国家农产品供应，从而保证消费和出口；但化学物质的投入也将产生一定的成本，并引发一定的环境风险（Catherine J.，Morrison Paul et al.，2002）。它们在农业生产中的过度投入将导致病虫抗药性的提升、环境污染以及食品安全等问题（Nian - Feng Wan et al.，2013；葛继红和周曙东，2012）。因为在农业中长期使用不同种类的农药和化肥，将造成土壤和空气污染，并可能通过灌溉、径流、排水等途径扩散到环境中，长期如此，将导致化学残留扩散至地表水、河流、沿海水域（Ghaderi A. A. et al.，2012；Reinier M. Mann et al.，2009；M. Behloul et al.，2013；B. Q. Zhaoa et al.，2011）。除此之外，农业化学品扩散所导致的环境污染问题，也将进一步引发农药残留、农产品中化学物含量超标等食品安全问题。而令人担忧的是，大部分发展中国家（包括中国）的农民在投入农业化学品时，仅仅考虑提高自身的经济利益，而忽略了造成污染和食品安全问题的外部成本。因而，许多发展中国家的农民都出现了过度投入农药、化肥等农业化学品的现象，由此也产生了严重的环境污染和食品安全问题。

就中国而言，农业化学品过度投入现象较为严重：农民在占世界耕地面积不足 10% 的土地上，每年却使用了高达全球 1/3 的化肥（李锋等，2011）；农药制剂的每年需求量也高达 250 万吨左右（汪建沃，2013）。这种大量使用农业化学品的做法可能是由于农民对农业投入存有错误认知或认知不足问题。一方面，农民误以为种子、农药和肥料的高投入必将导致高收益，然而却不知种子和肥料的高投入也会加强病虫害发展，从而刺激更高频率地使用农药；另一方面，农民的环境保护意识水平很低，他们对农业化学品的环境污染认知较为不足（H. Yilmaz et al.，2010；李锋等，2011）。对此，Muhammad Asif Naveed 和 Mumtaz A. Anwar（2013）认为，农民常常由于缺乏相关有效和足够的信息，从而导致认知不足并做出错误决策。毕竟，快速和及时的信息对农民具有极高价值，有助于农民提升对农业化学品的认知（G. A. Khan et al.，2013）。这也正是中国政府在农村不断完善传统信息媒介（报纸、电视、广播）的基础设施时，引进新兴信息媒介（互联网、手机信息），积极推进农村信息化进程的主要原因及目的之一。相关部门期望通过信息化建设来为农民提供更多的农业及生活知识，不断提高农民的认知水平。

那么，中国农民对农业化学品环境污染的认知程度如何，他们的认识是否受到信息媒介的影响，影响作用又是如何？对这些问题的研究意义重大：不仅有助于更好地理解农民对使用农业化学品行为，也通过进一步推动农村信息化的方式来提高农民的环境污染认知和规范他们使用农业化学品的行为；更有助于改善农村乃至整个国家的生态环境，减少农业污染，提高农产品质量，降低食品安全事件的发生概率，从而提高人民的生活质量。

第二节　现状分析：农民对农业化学品的环境污染认知

一、数据来源

本章的数据来自2010年中国综合社会调查（CGSS 2010），笔者通过网络公开申请的方式获得该数据。CGSS 2010的调查范围覆盖了中国所有省级行政单位（不包括港台地区）。初级单元包括100个县（区）和北京、上海、天津、广州、深圳五个大城市。CGSS 2010在全国一共调查了480个村/居委会，每个村/居委会调查25个家庭，每个家庭随机调查1人，总样本量为11785个。由于本章的研究主题是信息媒介与关于农民对农业化学品的环境污染认知，因而研究对象必须是长期居住在农村并从事农业生产的农民。对此，笔者通过"农村户口""对农业化学品的环境污染程度做出明确评价"和"对信息媒介的使用频率做出明确评价"等关键指标对11785个总体受访家庭进行筛选，最后获得1099个样本数据，从而保证了样本的代表性和有效性。

二、农民整体认知水平

由筛选获得的样本数据可知，在1099个样本中：有100个农民认为，在农业生产中使用的化肥和农药对环境极其有害，比例为9.10%；有292个农民认为，在农业生产中使用的化肥和农药对环境非常有害，比例为26.57%；有479个农民认为，在农业生产中使用的化肥和农药对环境有些危害，比例为43.59%；有195个农民认为，在农业生产中使用的化肥和农药对环境不是很有害，比例为17.74%；有33个农民认为，在农业生产中使用的化肥和农药对环境完全没有危害，比例为3.00%。由此可见，农民对农业化学品的环境污染程度存在一定的认知不足：仅有35%的农民认为尽管农药和化肥的环境污染程度非常大，但仍有约20%的农民认为，农业化学品的环境污染程度较小或者完全没有危害作用。

三、不同类别农民认知水平比较

1. 不同性别农民的认知情况比较

由表1－1可知，虽然关于男性农户对农业化学品的环境污染认知水平整体高于女性农户，但两者的差异并不明显。第一，有37.97%的男性农户认为，农药和化肥对环境极其有害或者非常有害；33.51%的女性农户认为，农药和化肥对环境极其有害或者非常有害。第二，约有43.61%的男性农户认为，农药和化肥对环境有些危害；43.56%的女性农户认为，农药和化肥对环境有些危害。第三，约有18.43%的男性农户认为，农药和化肥对环境不是很有害或者没有危害；22.92%的女性农户认为，农药和化肥对环境不是很有害或者没有危害。

表1－1　不同性别农民的认知情况

类别 认知程度	男性农民		女性农民	
	样本（个）	比例（%）	样本（个）	比例（%）
极其有害	56	10.53	44	7.76
非常有害	146	27.44	146	25.75
有些危害	232	43.61	247	43.56
不是很有害	86	16.17	109	19.22
没有危害	12	2.26	21	3.70

资料来源：根据CGSS 2010数据整理。

2. 不同受教育程度农民的认知情况比较

由表1－2可知，本研究将农民的受教育程度由低向高分为五类，随着受教育程度的提高，农民关于农业化学品的环境污染认知水平也呈逐步提高趋势。按受教育程度由低向高的顺序：认为农药和化肥对环境极其有害或者非常有害的农户比例依次是29.86%、33.25%、40.05%、39.29%和44.44%；认为农药和化肥对环境有些危害的农户比例依次是34.39%、47.84%、43.41%、47.32%、55.56%；认为农药和化肥对环境不是很有害或者没有危害的农户比例依次是35.75%、18.92%、16.54%、13.39%和0。

表1-2　不同受教育程度农民的认知

认知程度＼类别	没有上学		小学		初中		高中或职中		大学	
	样本（个）	比例（%）	样本（个）	比例（%）	样本（个）	比例（%）	样本（个）	比例（%）	样本（个）	比例（%）
极其有害	13	5.88	26	7.03	50	12.92	10	8.93	1	11.11
非常有害	53	23.98	97	26.22	105	27.13	34	30.36	3	33.33
有些危害	76	34.39	177	47.84	168	43.41	53	47.32	5	55.56
不是很有害	64	28.96	61	16.49	56	14.47	14	12.50	0	0.00
没有危害	15	6.79	9	2.43	8	2.07	1	0.89	0	0.00

资料来源：根据CGSS 2010数据整理。

通过对农民的整体认知情况分析以及不同类别农民的认知情况对比，笔者发现，中国农民关于农药和化肥的环境污染认知水平整体偏低，并且不同受教育程度农民的认知差异性非常明显。那么，这种认知不足是否如同Muhammad Asif Naveed和Mumtaz A. Anwar（2013）的判断一致，在控制了受教育程度、性别等基本特征后，依然受信息媒介的影响？对此，则须进一步通过实证分析进行验证与研究。

第三节　信息媒介与农民对农业化学品的环境污染认知

一、理论与文献

农民关于农业化学品的环境污染程度的认知，是农民对农药、化肥等农业投

入的主观态度，是农民基于相关信息，利用自身知识而做出的判断。因而从理论上来讲，信息媒介的使用频次将影响农民获得农业化学品的相关信息的及时性与有效性，进而影响农民的认知水平。农户对不同类型、不同性质的信息倾向于选择使用不同媒介和渠道获取（马九杰等，2008）。电视等传统媒介具有宣传频率、传播速度、声像结合、覆盖范围等方面的优势，因而传统媒介的使用情况可以从某个方面反映农民的信息获取水平以及他们对信息有效性的认知。新生农民群体对网络的使用效率较高，对信息质量问题更加敏感（曾桢等，2012），他们的认知可能更受网络、手机信息等新兴信息媒介的影响。由此可见，信息媒介是影响农民认知的主要因素，传统信息媒介（报纸、杂志、广播、电视等）和新兴信息媒介（网络、手机信息等）的影响作用可能有所差异。

另外，农民关于农业化学品的环境污染程度的认知，可能也将受到农民自身特征及生产特征的影响。毕竟，越年轻、受教育年限越高的农民（尤其是男性农民），其文化水平越高，对化肥和农药残留内涵与负面效应的理解就更加透彻（吴林海等，2011）。生产规模越大、生产经验越丰富的农民，亲身经历或了解周围的农业化学品负面影响事件可能越多，对其危害性认识可能越深（宁满秀和吴小颖，2011）。因而，在研究信息媒介关于农民对农业化学品的环境污染程度认知的影响作用时，还必须考虑农民的自身特征（性别、年龄、受教育程度等）与生产特征（生产规模和生产经验）。

二、实证检验

1. 方法

本章重点研究信息媒介关于农民对农业化学品的环境污染认知的影响作用，因而农民认知水平是本研究的被解释变量。如表1－1和表1－2所示，农民关于农业化学品的环境污染认知具体分为由高至低的五个等级。因而被解释变量（农民认知）属于有序型五分变量，可使用有序回归模型（Ordinal Regression）进行实证检验。另外，根据数据的分布情况（正太分布），本章最终采用有序回归模型中的Probit连接函数进行实证分析。

2. 变量说明

如前文所述，农民认知程度是本书的被解释变量；解释变量则是六类信息媒介（包括报纸、杂志、广播、电视、互联网、手机信息）的使用频次；控制变量则是性别、年龄、受教育程度和耕种面积。具体变量及赋值如表1-3所示。

表1-3　变量及其赋值说明

类别	变量	类型	说明
被解释变量	农民认知程度	五分变量	1=极有危害；2=非常有害；3=有些危害；4=不是很有害；5=没有危害
解释变量	报纸使用频次	有序变量	1=从不；2=很少；3=有时；4=经常；5=总是（2009年）
	杂志使用频次	有序变量	1=从不；2=很少；3=有时；4=经常；5=总是（2009年）
	广播使用频次	有序变量	1=从不；2=很少；3=有时；4=经常；5=总是（2009年）
	电视使用频次	有序变量	1=从不；2=很少；3=有时；4=经常；5=总是（2009年）
	互联网使用频次	有序变量	1=从不；2=很少；3=有时；4=经常；5=总是（2009年）
	手机定制信息使用频次	有序变量	1=从不；2=很少；3=有时；4=经常；5=总是（2009年）
控制变量	受教育程度	有序变量	1=没有上学；2=小学；3=初中；4=高中或职中；5=大学
	性别	二分变量	1=男性；2=女性
	年龄	连续变量	取值为农户当年的实际年龄
	耕种面积	连续变量	取值为农户当年的耕种面积

注：原数据中“受教育程度”分成14个类别，笔者根据受教育年限由低至高合并为5个级别。

3. 多重共线性检验

本章将农民经常接触的六类信息媒介分列为六个解释变量，并将年龄、受教育程度、性别和耕种面积设为控制变量，以期明确不同信息媒介对农民认知的影响作用。然而农民的个性特征，可能会影响其媒介使用频次，并且不同媒介之间也可能存在较高的一致性。因而，为排除计量方程的多重共线性，本研究在实证分析之前对各个解释变量及控制变量进行相关性分析。分析结果发现，大部分变量之间的相关性较低，仅有报纸使用频次与杂志使用频次存在较高的相关性（相

关系数超过0.5），据此本研究将农民接触频次较低的变量“杂志使用频次”删去，从而保证了实证结果不受多重共线性影响。

4. 实证结果诠释

本研究利用软件SPSS 17.0对样本数据及上述模型（Ordinal Regression）进行回归拟合，拟合结果如表1-4所示。

表1-4　农民认知模型拟合及估计结果

		估计	标准误	显著性	95%置信区间	
					下限	上限
阈值	[农民认知=1.00]	-1.819***	0.231	0.000	-2.271	-1.367
	[农民认知=2.00]	-0.830***	0.226	0.000	-1.274	-0.386
	[农民认知=3.00]	0.379*	0.226	0.093	-0.063	0.822
	[农民认知=4.00]	1.473***	0.234	0.000	1.015	1.931
位置	受教育程度	-0.143***	0.040	0.000	-0.222	-0.064
	性别	0.071	0.067	0.289	-0.060	0.202
	年龄	0.000	0.002	0.672	-0.005	0.003
	耕种面积	-0.004***	0.001	0.003	-0.007	-0.001
	报纸使用频次	-0.005	0.040	0.903	-0.084	0.074
	广播使用频次	-0.041	0.038	0.281	-0.116	0.034
	电视使用频次	-0.014	0.034	0.677	-0.081	0.053
	互联网使用频次	-0.086**	0.041	0.037	-0.166	-0.005
	手机定制信息使用频次	0.077*	0.045	0.088	-0.012	0.166
-2倍对数似然值卡方		46.796（P=0.006）				
Pearson卡方		4270.376（P=0.817）				
Deviance卡方		2896.866（P=1.000）				
平行线检验卡方		27.633（P=0.430）				

资料来源：SPSS 17.0分析结果（其中***、**、*分别表示1%、5%、10%的置信水平）。

由表1-4可知，模型拟合后的-2倍对数似然值为46.796，P值为0.006；Pearson的卡方值为4270.376，P值为0.817；Deviance的卡方值为2896.866，P值为1.000；平行线检验的卡方值为27.633，P值为0.430。由此可见，样本数据适合采用 Ordinal Regression 进行实证分析，整体拟合效果较好。

另外，由表 1 -4 还可知：在五个解释变量中只有代表新兴信息媒介的“互联网使用频次”和“手机定制信息使用频次”通过模型的显著性检验，“报纸使用频次”“广播使用频次”和“电视使用频次”等传统信息媒介没有通过显著性检验；在四个控制变量中，“受教育程度”和“耕地面积”通过了显著性检验，“性别”和“年龄”没有通过显著性检验。

5. 解释变量回归结果诠释

（1）变量“互联网使用频次”通过 1% 的显著性检验，回归系数为 -0.086，由关系式 $OR = e^{\beta}$ 可知，该因素的比例优势系数小于 1。结合变量赋值可知：互联网使用频率越高的农户，越可能认为农药、化肥等农业化学品对环境有非常大或者极高的危害性。由此可见，互联网这一信息媒介有助于农民获得农业化学品的相关知识，提高农民对农业化学品环境污染方面的认知。

（2）变量“手机定制信息使用频次”通过 10% 的显著性检验，回归系数为 0.077，由关系式 $OR = e^{\beta}$ 可知，该因素的比例优势系数大于 1。结合变量赋值可知：手机定制信息使用频率越高的农户，越可能认为农药、化肥等农业化学品对环境的危害性不大或者没有危害。由此可见，手机定制信息这一信息媒介是影响农民关于农业化学品环境污染认知的因素，但该媒介起到反面的影响作用。其原因可能是大部分手机定制信息都是由农资销售商发送给农民，他们为了提高农业化学品的销售量，会有意强化农业化学品的正面作用，弱化它们对环境的负面影响，进而导致农民对农业化学品环境污染认知的不足。

（3）变量“报纸使用频次”“广播使用频次”和“电视使用频次”等传统媒介没有通过显著性检验，表明传统信息媒介关于农民对农业化学品环境污染认知并不存在显著的影响作用。

6. 控制变量回归结果诠释

（1）变量“受教育程度”通过 1% 的显著性检验，回归系数为 -0.143，由关系式 $OR = e^{\beta}$ 可知，该因素的比例优势系数小于 1。结合变量赋值可知：受教育程度越高的农民，越可能认为农业化学品对环境具有非常大或者极大的危害。因为受教育程度高的农民知识体系更为丰富，他们对农业化学品有更加全面的

认识。

（2）变量“耕种面积”通过1%的显著性检验，回归系数为 -0.004，由关系式 $OR = e^{\beta}$ 可知，该因素的比例优势系数小于1。结合变量赋值可知：耕种面积越大的农民，越可能认为农业化学品对环境具有非常大或者极大的危害。因为耕种面积较大的农民，他们对农业化学品的使用经验更加丰富且对农业化学品有更加全面的认识。

（3）变量“性别”和“年龄”没有通过显著性检验，表明性别和年龄并非影响农民对农业化学品环境污染认知的显著因素。

综上所述，在控制了农民的年龄、受教育程度、性别和耕种面积后，影响农民对农业化学品环境污染认知的显著因素是“互联网使用频次”和“手机定制信息使用频次”，而不是“报纸使用频次”“广播使用频次”或者“电视使用频次”。这意味着现阶段关于农民对农业化学品环境污染的认知将受到互联网和手机定制信息等新兴信息媒介的影响，而并不受报纸、广播、电视等传统信息媒介的影响。

第四节　新兴信息媒介在农村的普及与推广现状

由前文分析可知，关于农民对农业化学品环境污染的认知，主要受到新兴信息媒介的影响，传统信息媒介影响作用并不显著。那么，现阶段中国农民是否已经将互联网、手机定制信息等新兴信息媒介视为最主要的信息源，还是依然将报纸、广播、杂志等传统信息媒介视为最主要的信息源？不同农民群体的看法是否存在较大差异？这可进一步通过调研数据进行描述性统计分析。

一、农民最主要的信息源

由样本数据可知，CGSS 2010 也对受访对象的最主要信息源做了调查。该项调查的统计结果如表 1-5 所示，在 1099 个样本中：有 14 个农民将报纸视为最重要的信息源，占比 1.27%；有 4 个农民将杂志视为最重要的信息源，占比

0.36%；有20个农民将广播视为最重要的信息源，占比1.82%；有985个农民将电视视为最重要的信息源，占比89.63%；有53个农民将互联网视为最重要的信息源，占比4.82%；有5个农民将手机定制信息视为最重要的信息源，占比0.45%；有18个农民没有做出明确选择，占比1.64%。由此可见，传统信息媒介（尤其是电视）依然是大部分农民最主要的信息渠道；新兴信息媒介中的互联网也开始受到农民的关注，成为第二主要的信息渠道。

表1-5 农民最主要的信息源

农民认为最主要的信息源	样本数（个）	占比（%）
报纸	14	1.27
杂志	4	0.36
广播	20	1.82
电视	985	89.63
互联网	53	4.82
手机定制信息	5	0.45
没有做出明确选择	18	1.64

资料来源：根据CGSS 2010数据整理。

二、新兴信息媒介是否受到部分农民的排斥

由前文分析可知，“互联网”和“手机定制信息”等新兴信息媒介是影响农民认知的显著因素，并且新兴信息媒介（尤其是互联网）已经得到部分农民的接受与认可。然而，新兴信息媒介对于使用者的技术要求更高，年龄较大的、受教育程度较低的农民是否会因此而排斥新兴信息媒介？这将直接影响新兴信息媒介在农村的普及和发展。对此，本研究将进一步分析新兴信息媒介的样本偏差情况，以探讨不同受教育程度、不同年龄的农民对新兴信息媒介的认可和接受情况。

由样本分布数据统计结果（见表1-6和表1-7）可知，新兴信息媒介的样本偏差情况并不明显。

（1）从年龄分布来看，如表1－6所示，将新兴信息媒介视为最主要信息源的农民并不存在样本偏差情况。这说明各个年龄段都有一定比例的农民将新兴信息媒介视为最主要信息源，并不存在年龄大的农民排斥新兴信息源的现象。

（2）从受教育程度来看，如表1－7所示，将新兴信息媒介视为最主要信息源的农民存有一定的样本偏差情况，但偏差程度并不明显。尽管“受教育程度”在大学的样本中，有66.67%的农民将新兴信息媒介视为最主要的信息源，但由于该群体为少数群体（仅有9人），对总体影响并不明显。这说明随着“受教育程度”的提升，将新兴信息媒介视为最主要信息源的农民比例有所提升，但这种变化并不十分明显，受教育程度低的农民并没有完全排斥新兴信息媒介。

表1－6　新兴信息媒介样本的年龄分布

	30岁以下	31～40岁	41～50岁	51～60岁	61岁以上
选择新兴信息媒介人数（人）	6	16	18	7	11
样本数（人）	152	229	294	201	223
占比（%）	3.95	6.99	6.12	3.48	4.93

资料来源：根据CGSS 2010数据整理。

表1－7　新兴信息媒介样本的受教育程度分布

	没有上学	小学	初中	高中或职中	大学
选择新兴信息媒介人数（人）	7	8	23	14	6
样本数（人）	221	370	387	112	9
占比（%）	3.17	2.16	5.94	12.50	66.67

资料来源：根据CGSS 2010数据整理。

综上所述，农民自己认为最主要的信息源是电视这一传统信息媒介，而新兴信息媒介也已经得到越来越多的农民的认可，其中互联网已经成为农民第二主要的信息媒介。并且新兴信息媒介并不存在明显的样本偏差，不同受教育程度和不同年龄的农民将新兴信息媒介视为最主要信息源的比例并不存在明显的差异。新兴信息媒介没有受到部分群体的排斥，该媒介可在各个农民群体中全面推广与发展。

第五节　结论与建议

1. 基于前文的论述与分析，本书得到如下结论

（1）中国农民关于农业化学品的环境污染认知水平整体偏低，并且不同受教育程度农民的认知差异性非常明显。

（2）新兴信息媒介（互联网和手机定制信息）、受教育程度、耕种面积等变量是影响农民关于农业化学品环境污染认知的显著因素。“互联网”使用频率越高的农户，其认为农药、化肥等农业化学品对环境有非常大或者极高危害的可能性越大；“手机定制信息”使用频率越高的农户，其认为农药、化肥等农业化学品对环境的危害不大或者没有危害的可能性越大；受教育程度越高的农民，其认为农业化学品对环境具有非常大或者极大危害的可能性越大；耕种面积越大的农民，其认为农业化学品对环境具有非常大或者极大危害的可能性越大。

（3）尽管农民自己认为最主要的信息源是传统信息媒介——电视，但是新兴信息媒介（尤其是互联网）也已经越来越得到农民的认可，并且新兴信息媒介没有受到部分群体的排斥，该媒介可在各个农民群体中全面推广与发展。

2. 基于前文的研究结论，本书认为可从以下几个方面来进一步提高农民关于农业化学品环境污染的认知，进而推进农村信息化与优化农村环境的发展工作

（1）通过培训教育的方式，重点提高受教育程度低、种植规模小的农民的电脑及互联网使用技能。由前文分析可知，受教育程度低、种植规模小的农民对农业化学品环境污染认知程度较低，而互联网是有效提高他们认知的信息媒介。因而，基于中国正在全面推进农村信息化发展的现实背景，相关部门在建设农村网络设施的同时，应该定期组织各类培训教育活动，提高农民（尤其是受教育程度低、种植规模小的农民）的电脑和互联网使用技能，以提高他们的相关认知。

（2）政府及相关部门应该规范并有效利用手机信息这一媒介，对农资销售商发送的信息内容进行严格监控，保证农民获得更多客观的农业化学品信息。由前文分析可知，虽然“手机定制信息”是显著影响农民对农业化学品环境污染

认知的因素，但该媒介起到了反面的影响作用，其原因可能是农资销售商为了提高自身利益而有意强化农业化学品正面作用的信息，弱化其环境污染方面的信息。对此，相关部门应该规范农资销售商的信息发送行为，监控他们发送的信息内容，保证农民获得更多客观的农业化学品的信息，进而提高农民对农业化学品环境污染的认知。

参考文献

[1] Yilmaz H, Demircan V, Gul M. Examining of Chemical Fertilizer Use Levels in Terms of Agriculture Environment Relations and Economic Losses in the Agricultural Farms: The Case of Isparta, Turkey [J]. Bulgarian Journal of Agricultural Science, 2010, 16 (2): 143 - 157.

[2] Naveed M A, Anwar M A. Agricultural Information Needs of Pakistani Farmers [J]. Malaysian Journal of Library and Information Science, 2013, 18 (3): 13 - 23.

[3] Wan N F, Ji X Y, Jiang J X, et al. An Eco - Engineering Assessment Index for Chemical Pesticide Pollution Management Strategies to Complex Agro - Ecosystems [J]. Ecological Engineering, 2013 (52): 203 - 210.

[4] Paul C, Ball V E, Felthoven R G, et al. Effective Costs and Chemical Use in United States Agricultural Production: Using the Environment as a "Free" Input [J]. American Journal of Agricultural Economics, 2002, 84 (4): 902 - 915.

[5] Ghaderi A A, Abduli M A, Karbassi A R, et al. Evaluating the Effects of Fertilizers on Bioavailable Metallic Pollution of Soils, Case Study of Sistan Farms, Iran [J]. International Journal of Environmental Research, 2012, 6 (2): 565 - 570.

[6] Khan G A, Muhammad S, Ch K M, et al. Information Regarding Agronomic Practices and Plant Protection Measures Obtained by the Farmers through Electronic Media [J]. Journal of Animal and Plant Sciences, 2013, 23 (2): 647 - 650.

[7] Mann R M, Hyne R V, Choung C B, et al. Amphibians and Agricultural Chemicals: Review of the Risks in a Complex Environment [J]. Environmental Pollution, 2009, 157 (11): 2903 - 2927.

[8] Huan N H, Chien H V, Quynh P V, et al. Motivating Rice Farmers in the

Mekong Delta to Modify Pest Management and Related Practices through Mass Media [J]. International Journal of Pest Management, 2008, 54 (4): 339-346.

[9] Behloul M, Grib H, Drouiche N, et al. Removal of Malathion Pesticide from Polluted Solutions by Electrocoagulation: Modeling of Experimental Results Using Response Surface Methodology [J]. Separation Science and Technology, 2013, 48 (4): 664-672.

[10] Zhao B Q, Li X Y, Liu H, et al. Results from Long-Term Fertilizer Experiments in China: The Risk of Groundwater Pollution by Nitrate [J]. Njas-Wageningen Journal of Life Sciences, 2011, 58 (3-4SI): 177-183.

[11] Webb M J, Nelson P N, Rogers L G, et al. Site-Specific Fertilizer Recommendations for Oil Palm Smallholders Using Information from Large Plantations [J]. Journal of Plant Nutrition and Soil Science, 2011, 174 (2): 311-320.

[12] Lewandrowski J, Tobey J, Cook Z. The Interface between Agricultural Assistance and the Environment: Chemical Fertilizer Consumption and Area Expansion [J]. Land Economics, 1997, 73 (3): 404-427.

[13] Williamson J M. The Role of Information and Prices in the Nitrogen Fertilizer Management Decision: New Evidence from the Agricultural Resource Management Survey [J]. Journal of Agricultural and Resource Economics, 2011, 36 (3): 552-572.

[14] 谭英，蒋建科，陈洪. 不同信息传播渠道传播农业政策的效果及农户接受程度分析 [J]. 农业经济问题，2005 (9): 64-67.

[15] 吴林海，侯博，高申荣. 基于结构方程模型的分散农户农药残留认知与主要影响因素分析 [J]. 中国农村经济，2011 (3): 35-48.

[16] 曾靖，常春华，王雅鹏. 基于粮食安全的我国化肥投入研究 [J]. 农业经济问题，2010 (5): 66-70.

[17] 马九杰，赵永华，徐雪高. 农户传媒使用与信息获取渠道选择倾向研究 [J]. 国际新闻界，2008 (2): 58-62.

[18] 李锋，罗世雄，吴静等. 农户的化肥使用行为及购买行为分析 [J]. 经济问题，2011 (6): 78-81.

[19] 曾桢，杨帆，付芳婧. 农民群体信息获取状况及问题分析——以贵州

省农村为例［J］．农业经济问题，2012（9）：96－98.

［20］蔡荣．农业化学品投入状况及其对环境的影响［J］．中国人口·资源与环境，2010（3）：107－110.

［21］宁满秀，吴小颖．农业培训与农户化学要素施用行为关系研究——来自福建省茶农的经验分析［J］．农业技术经济，2011（2）：27－34.

［22］汪建沃．我国将建立农药容器回收制度［J］．农药市场信息，2013（4）：12.

［23］葛继红，周曙东．要素市场扭曲是否激发了农业面源污染——以化肥为例［J］．农业经济问题，2012（3）：92－98.

第二章　农药使用者的安全认知及其成因①

摘要：以农药环境危害性和农药废弃物回收必要性两方面的认知作为农户农药认知的衡量指标，利用有序回归模型对广东省 11 个县 272 份调查数据进行了农药认知影响因素的实证分析。研究表明：农户的农药认知水平较低，受教育程度和地区差异两个因素对农户农药认知有显著的影响作用。基于此，提出农村基础教育的投入和农业培训活动的开展，应根据经济发达水平和受教育水平分区实施。

关键词：稻农；农药认知；影响因素

第一节　问题提出

农药是农业生产中的主要生产要素之一，其不仅能有效控制农作物的病虫害，还具有提高农业生产水平，保证粮食丰收和增加农民收入等作用（王志刚和李腾飞，2012），因而农药自被发明的第一天起，就被人类在农业领域内大量使用。直至今天，农药使用仍然是全球农业生产中进行病虫害控制的常见措施，尽管已经出现了其他一些病虫害管理措施（Hashemi and Damalas，2010）。然而，

① 蔡键．教育不足、地区差异与农药认知——基于广东省 11 个县 272 位稻农的实证分析［J］．当代经济科学，2013（6）．

事物总是具有两面性的，农药除了具有上述正面效应之外，还对环境和公共健康存在潜在的威胁（Ntow et al.，2006）。第一，农药使用是造成环境污染的主要原因之一。农药的过度使用，将污染地下水、地面水、土壤和食物，进而影响环境（Parveen et al.，2003）。第二，农药残留是农产品质量以及食品安全的主要威胁之一。过量、不规范地施用农药，在提高农产品产量的同时，所形成的农药残留将成为威胁农产品质安全的重要因素（侯博等，2010）。第三，农药暴露将提高农民的健康风险。过度接触农药能够产生毒性，增加农业生产者癌症、先天畸形、神经衰弱、白血病、肿瘤等疾病的可能性（Cabrera and Leckie，2009）。第四，农药过度使用将提高病虫害的生命力。随着大量农药在食物、环境中的积累，病虫害在不断适应的过程中，其抗药性将得到提升（Ntow et al.，2006）。可见，农药对于农业和人类生存有着非常重要的意义，但其使用也给人类健康、非靶标生物、自然环境带来了各种风险（Nijkamp et al.，2006）。

虽然农药对外部环境所形成的威胁与其本身的质量和特性等密切有关，但与农户对农药的认知以及由此产生的农药使用行为也有着直接的关系（侯博等，2012）。在无法改变现有农药质量和特性的情况下，引导农民正确、有效地使用农药，不仅能保证农业生产，还能解除农药对环境和公共健康所带来的各种威胁。而由行为理论可知，认知是行为的基础，农民的农药使用行为在很大程度上取决于他们的农药认知情况（Hashemi et al.，2012；侯博等，2010）。因而，对农民的农药认知（特别是农药危害性认知）进行研究，具有非常重要的意义。其原因主要有两点：一是农药认知是影响农民农药使用决策的主要因素；二是如果这些认知有别于专家的观点，那么它们将有助于我们更好地理解农民是否或者为什么比预期中面临更多的健康风险，以及现有环境污染和食品安全的根源所在（Ntow et al.，2006）。

就中国而言，研究农民的农药认知情况，意义更为重大。因为自 1985 年起，中国就以 10.32% 的年增长率生产农药，截至 2010 年底，已经生产了 234 万吨的农药，中国不仅是最大的农药生产国、出口国，也是最大的农药使用国（Li et al.，2012）。农药在给农业带来极大经济效益的同时，也加剧了环境污染，导致地力下降，对农业生态环境、食品安全造成了极大的危害，已成为影响中国农业可持续发展的一个重大问题（王志刚和李腾飞，2012）。尽管中国农民在农业生产过程中大量使用农药，但总体而言，他们对农药的认知相当缺乏（吴林海等，

2011）。从而也导致了中国农户的以下错误用药行为：过量施用农药；使用高毒性农药；施药时缺乏必要的保护措施；错误处理农药废弃物。因而，本章提出对中国农户的农药认知进行深入研究，探析农民是否存在农药认知偏差，并判别认知偏差的类型，从而为提高农民的农药认知，促进农民正确使用农药提出相关对策。

第二节 农户的农药认知现状分析

一、样本数据说明

本次调查是为了解农户对农药的认知情况，判断农户的农药认知水平，以及认知的影响因素。因此，受访对象必须是近两年一直从事农业生产，并且在生产过程中有使用农药的农户。结合笔者所在省份（广东省）的农业生产现状，笔者将访问对象定为广东省的稻农。调查小组根据水稻种植比例，分别在珠三角地区、粤北山区和东西两翼各地区选择了部分市（县）作为一级单元，再分别从每个市（县）中随机抽取 30 个农户作为样本，从而保证了样本数据的广泛性和代表性。本次调查总共发放问卷 330 份，其中有效问卷 272 份，问卷有效率为 82.4%，样本分布情况如表 2－1 所示。

表 2－1　样本分布情况

区域	市（县）	发放问卷数（份）	有效问卷数（份）	有效回收率（%）
珠三角	台山	30	29	96.67
	怀集	30	18	60.00
粤北	罗定	30	28	93.33
	清新	30	27	90.00
	南雄	30	22	73.33
	紫金	30	27	90.00
	五华	30	25	83.33

续表

区域	市（县）	发放问卷数（份）	有效问卷数（份）	有效回收率（%）
粤西	廉江	30	23	76.67
	化州	30	27	90.00
	高州	30	26	86.67
粤东	揭东	30	20	66.67
合计		330	272	82.4

二、受访农户的总体认知水平

本研究主要从两个方面考察稻农的农药认知情况：一是农药环境危害性的认知情况；二是农药废弃物回收必要性的认知情况。它们分别代表了农户对农药危害的认知和农户对有效处理农药危害的认知。

1. 对农药环境危害性的认知

调查结果表明，仅有52个受访对象，占比19.12%的稻农认为，农药对环境有非常大的危害；有52个受访对象，占比19.12%的稻农认为，农药对环境有比较大的危害；有83个受访对象，占比30.51%的稻农持中立态度，认为农药对环境有一定的影响作用；另外，仍然有57个受访对象，占比20.96%的稻农认为，农药对环境的危害很小以及10.29%的稻农（28个受访对象）认为农药对环境没有影响。

2. 对农药废弃物处理方法的认知

根据问卷调查的情况，稻农对于农药废弃物处理方法的认知程度与对农药环境危害性的认知程度基本相似。在受访对象中，依然有33个受访对象，占比12.13%的稻农和49个受访对象，占比18.01%的稻农认为，完全没有必要进行农药废弃物回收和进行农药废弃物回收的必要性很低。另外，认为有必要、较为必要和非常必要进行农药废弃物回收的稻农比例分别为24.63%、21.69%、23.90%。

通过数据比例统计分析可知，仅有38.24%的稻农认为，农药对环境有较大或者非常大的影响，有45.59%的稻农认为，有较高或者非常高的必要性进行农药废弃物回收。稻农的农药认知存在一定的偏差，然而这种偏差到底是随机存在，还是某种类别的稻农所特有的，则须进一步进行分类统计分析。

三、不同类别稻农的农药认知情况

1. 不同地域稻农的农药认知情况比较

不同地域稻农对于农药认知情况存在一定的差异性，由表2－2可知，一方面，首先是农药危害性方面的常识，珠三角地区的稻农有较高的认知；其次是粤西地区，粤北地区和粤东地区稻农对这方面常识的认知较为不足；另一方面，农药废弃物回收必要性方面的常识，首先是珠三角地区稻农有较高的认知，其次是粤东地区和粤西地区，粤北地区稻农对这方面常识的认知较为不足。

表2－2　不同地域稻农的农药认知情况

	认知程度	珠三角		粤北		粤西		粤东	
		样本（个）	比例（%）	样本（个）	比例（%）	样本（个）	比例（%）	样本（个）	比例（%）
农药危害	没有危害	1	2.13	19	14.73	6	7.89	2	10.00
	危害很小	2	4.26	33	25.58	14	18.42	8	40.00
	有一定危害	8	17.02	41	31.78	29	38.16	5	25.00
	危害较大	17	36.17	21	16.28	11	14.47	3	15.00
	危害非常大	19	40.43	15	11.63	16	21.05	2	10.00
农药废弃物回收	没有必要	4	8.51	23	17.83	4	5.26	2	10.00
	必要性很小	0	0.00	29	22.48	15	19.74	5	25.00
	有一定必要性	7	14.89	36	27.91	23	30.26	1	5.00
	必要性较大	15	31.91	21	16.28	15	19.74	7	35.00
	必要性非常大	21	44.68	20	15.50	19	25.00	5	25.00

资料来源：根据调研数据整理。

2. 不同性别稻农的农药认知情况比较

不同性别稻农的农药认知差异并不明显，由表 2-3 可知，无论是农药危害性方面的常识还是农药废弃物回收必要性方面的常识，男性稻农的认知都稍微高于女性稻农。

表 2-3　不同性别稻农的农药认知情况

	认知程度	男性稻农		女性稻农	
		样本（个）	比例（%）	样本（个）	比例（%）
农药危害	没有危害	19	10.98	9	9.09
	危害很小	34	19.65	23	23.23
	有一定危害	52	30.06	31	31.31
	危害较大	35	20.23	17	17.17
	危害非常大	33	19.08	19	19.19
农药废弃物回收	没有必要	20	11.56	13	13.13
	必要性很小	27	15.61	22	22.22
	有一定必要性	44	25.43	23	23.23
	必要性较大	40	23.12	18	18.18
	必要性非常大	42	24.28	23	23.23

资料来源：根据调研数据整理。

3. 不同受教育水平稻农的农药认知情况比较

受教育程度不同的农户的农药认知存在一定的差异。由表 2-4 可知，剔除了仅有一例的职业技术学校学历的受访对象后，没有接受过正规教育的稻农表现出最高的农药认知，而受教育程度最高的稻农（高中或者职业学校）却表现出较低的农药认知，中等教育程度的稻农（小学或者初中）的农药认知处于所有稻农的中等水平。

表2-4 不同地域稻农的农药认知情况

	认知程度	文盲		小学		初中		高中		技术/职业学校	
		样本（个）	比例（%）	样本（个）	比例（%）	样本（个）	比例（%）	样本（个）	比例（%）	样本（个）	比例（%）
农药危害	没有危害	3	7.32	14	12.50	4	13.33	7	7.95	0	0.00
	危害很小	8	19.51	22	19.64	8	26.67	19	21.59	0	0.00
	有一定危害	11	26.83	37	33.04	8	26.67	27	30.68	0	0.00
	危害较大	8	19.51	19	16.96	6	20.00	19	21.59	0	0.00
	危害非常大	11	26.83	20	17.86	4	13.33	16	18.18	1	100
农药废弃物回收	没有必要	4	9.76	16	14.29	3	10.00	10	11.36	0	0.00
	必要性很小	7	17.07	18	16.07	6	20.00	18	20.45	0	0.00
	有一定必要性	9	21.95	29	25.89	9	30.00	20	22.73	0	0.00
	必要性较大	8	19.51	22	19.64	5	16.67	23	26.14	0	0.00
	必要性非常大	13	31.71	27	24.11	7	23.33	17	19.32	1	100

资料来源：根据调研数据整理。

通过对稻农的农药认知整体情况分析以及不同类别稻农的农药认知情况对比，笔者发现，中国农户的农药认知水平较低，并且农民的农药认知差异既体现在个体特征（农户性别）上，又体现在外部环境（地区差异）和成长背景（受教育程度）上。然而，农民的农药认知究竟是由内外部因素共同决定的，还是由某一个因素所主导的，却无法从上述分析得出明确答案，因而须进一步分析农药认知的影响因素。这对于提高农民农药认知和引导农民正确规范使用农药，都有着非常重大的理论和实践意义。

第三节 农药认知影响因素分析

一、理论与文献

通过对国内外相关文献的查阅，本章梳理出影响农药认知的相关因素，这些因素可分为三大类：一是包括农户性别、年龄等信息的农户个性特征；二是包括土地、劳动力等信息的农业生产特征；三是包括农户受教育程度、农业培训等的农户知识信息因素。

1. 农户个性特征

认知是一个知觉形成的过程，不同主体由于个体区别将体现出一定的差异，因而个体特征是影响认知的主要因素之一。基于此，大部分学者都提出农民的农药认知情况，将受到农户性别、农户年龄等个体特征因素的影响。①性别。学者们在性别与农药认知关系的研究中，基本都保持一致的观点，他们都认为男性农户比女性农户的农药认知更加深刻和全面（Peres et al.，2006；侯博，2012）。但也有部分学者并没有将性别因素作为农户农药认知偏差的影响因素。②年龄。关于年龄与农药认知关系的研究，则出现了两种相悖的观点：一是年龄因素对农药认知具有负向影响，即年龄越大的农户越倾向于不了解农药，而年轻的农户对农药的了解程度越高（赵建欣和张晓凤，2007）；二是年龄大的农户比年龄小的农户的农药认知更全面，因为年长的农户有着更加丰富的农业生产经验，他们更加了解农业中的各种生产资料（Ahmed et al.，2011；Hashemi et al.，2012）。可见，学者们普遍认为男性农户比女性农户有更高的农药认知，而年龄对农药认知的影响则没能形成一致的结论。

2. 农业生产特征

农药是农业生产中的主要生产资料之一，其施用情况将直接影响农业产出与农产品质量，因而农户的农药认知还将受到其生产特征的影响。在一项研究中，学者普遍认为种植面积和农业劳动力数量是影响农药认知的主要生产特征因素。①种植面积。从种植面积探讨农药认知的学者并未达成一致的共识，他们也存在相悖的两类观点。侯博等学者在研究中提出，种植面积对农户的农药认知具有负向影响，种植面积越大的农户的认知程度越低；而 Sultana Parveen 等（2003）则认为，耕地面积与农户的认知水平呈正相关关系。②农业劳动力。对此，不同研究也有着不同的结论：侯博、山丽杰和牛亮云通过实证分析，提出家庭人口尤其是从事农业生产的人口数越多，小麦种植农户对农药残留的认知程度越低；在另一项研究中，侯博（2012）基于对吉安的调研分析，却提出种地人口数对茶农的农药残留认知具有正向影响，即种地人口数越多，茶农的农药残留认知程度越高。可见，大部分学者都认为，虽然种植面积和劳动力数量对农药认知有影响作用，但如何影响却没能形成一致的结论。

3. 知识信息

从知识教育背景研究农户农药认知情况的学者最多，他们都认为受教育程度和农业培训情况是影响农药认知的主要因素。①受教育程度。学者们普遍认为，受教育程度越高的农户，其农药认知水平就越高（Oo et al.，2012）。因为文化程度越高对信息的反应和接受能力越强，学习和应用新技术的成本越低（赵建欣和张晓凤，2007）。②农业培训。大部分学者都认为，对农药使用者的培训将有助于他们更好地了解病虫害，正确有效地在生产中使用农药，因而培训有助于提高农户的农药认知水平（Martinez et al.，2004；吴林海等，2011）。然而，也有个别学者指出，农户的平均受教育程度较低，相对于农业技术人员实地现场的指导，抽象的农药知识培训在提高小麦种植农户农药认知程度方面的作用显得微弱（侯博，2012）。可见，学者普遍认为，受教育程度高的农户有更高的农药认知，而大部分学者认同农业培训有助于提高农药认知，但其作用将受限于农户的受教育水平。

二、研究假设

通过对现有文献的梳理，可以发现：现有研究关于农药认知的众多影响因素中，仅有性别、受教育程度两个因素的影响作用能达成共识，其他因素的研究结论都存在较大差异。本章认为，之所以存在这种情况，其原因在于年龄（经验）、种植面积、农业劳动力等因素对农药认知的影响，都依赖于地域差异，即地区不同，年龄（经验）、种植面积、农业劳动力等因素对农药认知的影响作用也将有所不同。毕竟不同地区由于种植结构和习惯、病虫害程度、农药生产与销售渠道以及经济水平等方面具有较大差异，因而农户的农药认知水平在不同区域间也将表现出一定的差异性。前文通过简单的描述性统计，也验证了在广东省范围内，粤北、粤西、粤东与珠三角等不同区域稻农的农药认知水平存在较大的差异。另外，农业培训确实有助于提高农药认知水平，由于中国农民的平均受教育

水平较低，农民对培训知识的接受程度较低，因此，导致农业培训对农药认知影响作用微弱。综上，本章将提出如下假设：

H1：性别对农药认知有一定的影响作用，男性农户比女性农户有更高的认知水平。

H2：受教育程度对农药认知有正向的影响作用。

H3：区域差异对农药认知有一定的影响作用。

H4：考虑区域差异后，年龄（经验）、种植面积、农业劳动力等因素对农药认知不产生显著的影响作用。

H5：受限于农民的受教育程度，农业培训对农药认知的影响作用微弱。

三、实证检验

1. 方法与变量

为了进一步明确农户农药认知的影响因素，找出农药认知偏差的主导因素，必须对前文提出的研究假设进行实证检验。考虑到本研究中的两种农药认知数据（农药环境危害性认知和农药废弃物处理方法认知）均为离散型的五分变量数据，本章将采用有序逻辑模型（Ordinal Regression）进行实证检验。有序逻辑模型就是因变量为有序的分类变量的多元回归模型，其性质正好与本研究的变量和数据吻合。有序逻辑模型中包括五种具体的连接函数：Logit 连接函数（也称为比例优势模型）、补对数连接函数、负对数连接函数、Probit 连接函数和 Cauchit 连接函数。其中 Logit 连接函数适用于因变量相对均匀分布的情况，比较贴合本章的数据分布类型，因而文章选用该函数进行实证检验。变量则是根据前文的理论假设进行选取，具体测量指标及数值分布如表 2－5 所示。

表 2－5　变量及其赋值说明

变量	代码	类型	说明
农药危害认知	env	分类变量	1 = 没有危害；2 = 危害很小；3 = 有一定危害；4 = 危害较大；5 = 危害非常大

续表

变量	代码	类型	说明
废弃物回收认知	rec	分类变量	1 = 没有必要；2 = 必要性很小；3 = 有一定必要性；4 = 必要性较大；5 = 必要性非常大
性别	gen	二分变量	1 = 男性；0 = 女性
受教育程度	edu	分类变量	1 = 小学未毕业；2 = 小学；3 = 初中；4 = 高中；5 = 技校或职中
区域类别	zone	分类变量	1 = 粤北；2 = 粤西；3 = 粤东；4 = 珠三角
年龄	age	连续变量	数据取值为农户当年的实际年龄
种植面积	land	连续变量	数据取值为农户当年的实际种植面积
劳动力数量	labor	连续变量	数据取值为农户当年的家庭劳动力数量
培训	train	分类变量	1 = 近三年有 3 次或以上培训；2 = 近三年有 1 次或 2 次培训；3 = 近三年没有任何培训

2. 模型拟合

如前文所述，本章将借助软件 SPSS 17.0，采用 Logit 连接函数分别检验农药环境危害性认知和农药废弃物处理方法认知两个模型。检验结果如表 2 – 6 和表 2 –7所示。

表 2 –6　模型拟合效果

指标		模型 1			模型 2		
		检验值	标准	效果	检验值	标准	效果
模型拟合信息		0.000	< 0.05	理想	0.000	< 0.05	理想
拟合优度	Deviance	0.527	> 0.05	理想	0.088	> 0.05	理想
	Pearson	1.000	> 0.05	理想	1.000	> 0.05	理想
伪决定系数	Cox and Snell	0.181	> 0.05	理想	0.156	> 0.05	理想
	Nagelkerke	0.189	> 0.05	理想	0.162	> 0.05	理想
	McFadden	0.064	> 0.05	理想	0.053	> 0.05	理想

资料来源：SPSS 17.0 分析结果。

表 2-7　模型检验结果

变量		模型 1			模型 2		
		估计	标准误	Wald	估计	标准误	Wald
阈值	[env/rec = 1.00]	-20.403 ***	0.883	534.472	-19.545 ***	0.878	495.165
	[env/rec = 2.00]	-18.931 ***	0.877	465.921	-18.328 ***	0.872	441.403
	[env/rec = 3.00]	-17.472 ***	0.882	392.404	-17.144 ***	0.875	383.888
	[env/rec = 4.00]	-16.343 ***	0.888	338.483	-16.034 ***	0.881	330.996
位置	gen	-0.010	0.253	0.002	0.101	0.252	0.162
	age	0.029 **	0.014	4.130	0.018	0.014	1.624
	land	0.017	0.012	1.863	0.003	0.012	0.086
	labor	0.093	0.169	0.304	0.413 **	0.172	5.765
	[edu = 1.00]	-18.411 ***	0.464	1572.774	-18.041 ***	0.463	1518.738
	[edu = 2.00]	-18.677 ***	0.386	2339.096	-18.108 ***	0.385	2213.514
	[edu = 3.00]	-18.415 ***	0.390	2233.714	-18.118 ***	0.387	2187.604
	[edu = 4.00]	-18.848	0.000	—	-18.187	0.000	—
	[edu = 5.00]	0[a]	—	—	0[a]	—	—
	[train = 1.00]	0.728	0.663	1.207	0.994	0.683	2.116
	[train = 2.00]	0.201	0.363	0.306	0.113	0.362	0.098
	[train = 3.00]	0[a]	—	—	0[a]	—	—
	[zone = 1.00]	-1.784 ***	0.360	24.624	-1.701 ***	0.361	22.222
	[zone = 2.00]	-1.231 ***	0.379	10.567	-0.953 **	0.379	6.333
	[zone = 3.00]	-1.980 ***	0.532	13.876	-0.940 *	0.524	3.226
	[zone = 4.00]	0[a]	—	—	0[a]	—	—

资料来源：SPSS 17.0 分析结果（其中 ***、**、* 分别表示 1%、5%、10% 的置信水平）。

3. 结果诠释

如表 2-6 所示，模型 1 和模型 2 的整体拟合信息的 P 值都为 0.000，均小于 0.05，说明两个模型都有统计学意义。在拟合优度方面：模型 1 的 Deviance 值为 0.527，Pearson 值为 1.000，均大于 0.05，说明模型拟合良好；同理，模型 2 的 Deviance 值和 Pearson 值也都通过检验，模型拟合良好。在伪决定系数方面：模型 1 的三个系数值分别为 0.181、0.189 和 0.064，均大于 0.05，说明模型有一定的预测性；同理，模型2的三个伪决定系数也都通过了0.05的检验，有一定的预测性。另外，由表2-7可知，仅有年龄、受教育程度和地区差异三个因素显著影响农药环境危害性认知；影响农药废弃物处理方法认知的显著因素也只有劳动力数量、受教育程度和地区差异。

（1）农药环境危害性认知模型。

1）变量年龄（age）的回归系数大于零（0.413），通过关系式 $OR = e^{\beta}$ 可知，年龄因素的比例优势系数略微大于1。表明年龄越大的农户，越可能认为农药对环境具有非常大的危害性，但由于比例优势系数较小，这种差异性并不明显。

2）受教育程度（edu）的偏回归系数小于0（当edu=1，2，3，4和5时，该偏回归系数分别为-18.411、-18.677、-18.415、-18.848和 0^{a}），因而 $OR = e^{\beta} \leqslant 1$，表明与教育程度为职中或技校的稻农相比，教育程度较低的稻农认为农药对环境具有非常大危害性的概率减小。

3）地区变量（zone）的偏回归系数也小于0（当zone=1，2，3和4时，其偏回归系数分别为-1.784、-1.231、-1.980和 0^{a}），因而 $OR = e^{\beta} \leqslant 1$，表明与珠三角的稻农相比，其他地区的稻农认为农药对环境具有非常大危害性的概率减小。

4）性别、种植面积、劳动力数量和培训等因素都没有通过模型检验，表明这些因素都不是农药环境危害性认知的显著影响因素。

（2）农药废弃物处理方法认知。

1）劳动力数量（labor）的回归系数大于零（0.029），因而 $OR = e^{\beta} > 1$。表明家庭劳动力数量越多的农户，越可能认为进行农药废弃物回收具有非常大的必要性，但由于比例优势系数较小，这种差异性并不明显。

2）受教育程度（edu）的偏回归系数小于0（当edu=1、2、3、4和5时，该偏回归系数分别为-18.041、-18.108、-18.118、-18.187和 0^{a}），因而 $OR = e^{\beta} \leqslant 1$，表明与教育程度为职中或技校的稻农相比，教育程度较低的稻农认为进行农药废弃物回收具有非常大必要性的概率减小。

3）地区变量（zone）的偏回归系数也小于0（当zone=1，2，3和4时，其偏回归系数分别为-1.701、-0.953、-0.940和 0^{a}），因而 $OR = e^{\beta} \leqslant 1$，表明与珠三角的稻农相比，其他地区的稻农认为进行农药废弃物回收具有非常大必要性

的概率减小。

4）性别、种植面积、年龄和培训等因素都没有通过模型检验，表明这些因素都不是农药废弃物处理方法认知的显著影响因素。

4. 假设检验说明

（1）假设1没能通过本研究的检验。实证结果表明，无论是农药环境危害性认知偏差还是农药废弃物处理方式认知偏差，性别都不是它的显著影响因素。笔者认为，这种性别差异之所以未通过科学检验，其原因是性别差异在不同区域之间会表现出不同的影响作用。而本文已经综合考虑了地区差异因素，因而性别变量未能通过显著性检验。

（2）假设2通过本研究的检验。实证结果表明，两个农药认知偏差模型中，受教育程度都是显著的影响因素。系数估计结果也与现有大多数研究结论一致，即与教育程度最高的稻农相比，教育程度较低的稻农有正确农药认知（农药环境危害性认知和农药废弃物处理方法认知）的概率减小。

（3）假设3通过本研究的检验。实证结果表明，地区差异是农药认知（农药环境危害性认知和农药废弃物处理方法认知）的显著影响因素。结合文章的实证数据可知，珠三角地区稻农正确认知农药环境危害性的概率最高，其次是粤西，然后是粤北，最后是粤东；农药废弃物回收方法认知方面，同样是珠三角地区农户拥有最高的正确认知概率，接着分别是粤东、粤西和粤北。

（4）假设4部分通过检验。实证结果表明，考虑了地区差异之后，年龄、种植面积和家庭劳动力等因素中，只有年龄因素对农药环境危害性认知有影响作用，只有家庭劳动力因素对农药废弃物回收方法认知有影响作用，但它们的影响作用都相对微弱。

（5）假设5通过本研究的检验。实证结果表明，农业知识培训因素并非影响农药认知（农药环境危害性认知和农药废弃物处理方法认知）的显著因素。这进一步验证了部分学者的观点，农业培训受限于现有农民的文化程度，未能有效提高农户的农药认知水平。

第四节 结论与建议

1. 农户的农药认知是影响农民用药行为的主要因素

（1）从整体而言广东稻农的农药认知水平较低；从个体而言广东稻农的农药认知偏差随着地区、受教育程度、性别而有不同表现；

（2）受教育程度是稻农农药认知的显著影响因素，相较于受教育程度最高的稻农，其他稻农具有正确的农药认知的概率减小；

（3）地区差异是稻农农药认知的显著影响因素，相较于珠三角地区的稻农，其他地区稻农具有正确的农药认知的概率减小；

（4）年龄对稻农农药环境危害性认知有微小的正影响作用，可能是随着年龄增长，稻农的农业生产经验越来越丰富，从而对农药有更深入的认识；

（5）家庭劳动力数量对稻农农药废弃物回收方法认知有微小的正影响作用，可能是随着家庭劳动力的增长，家庭内部劳动力之间相互交流的机会增多，农药认知也就随之有所提升。

2. 基于此，本章结合中国农村现实情况，提出如下政策建议，以期有效提高农民的认知，纠正农药认知偏差

（1）分地区实施农村基础性教育的投入，重点提高边远山区农民的受教育水平。由前文分析可知，受教育水平和地区差异是影响农民农药认知的显著因素。珠三角区域经济较为发达，农药认知水平普遍较高，粤西和粤北两个贫穷落后地区，农药认知水平相对较低。因而各种农村教育政策应该向边远贫穷山区倾斜，重点增加边远山区的基础性教育投入，提高贫穷地区农民的受教育水平，进而提高他们的农药认知水平。

（2）分地区实施农药使用培训、农药安全教育宣传等有助于提高农户农药认知的基础性活动，重点加强受教育程度较高地区的农业培训活动。由前文分析可知，现阶段农业培训对于农药认知的影响作用受限于农民的受教育程度。尽管

随着各种农村教育性投入的增加，农民的受教育水平正在逐步提高，农业培训活动的效果也将随之体现。但是现阶段不同地区农民的平均受教育程度仍然有较大差别，因而应该重点加强受教育程度较高地区的各种农业培训活动，进而提高农民的农药认知水平。

参考文献

[1] Hashemi S M, Damalas C A. Farmers' Perceptions of Pesticide Efficacy: Reflections on the Importance of Pest Management Practices Adoption [J]. Journal of Sustainable Agriculture, 2010, 35 (1): 69 - 85.

[2] Ntow W J, Gijzen H J, Kelderman P, Drechsel P. Farmer Perceptions and Pesticide Use Practices in Vegetable Production in Ghana [J]. Pest Management Science, 2006 (62): 356 - 365.

[3] Parveen S, Nakagoshi N, Kimura A. Perceptions and Pesticides Use Practices of Rice Farmers in Hiroshima Prefecture, Japan [J]. Journal of Sustainable Agriculture, 2003, 22 (4): 5 - 30.

[4] Cabrera N L, Leckie J O. Pesticide Risk Communication, Risk Perception, and Self - Protective Behaviors among Farmworkers in California's Salinas Valley [J]. Hispanic Journal of Behavioral Sciences, 2009 (31): 258 - 272.

[5] Nijkamp P, Travisi C M, Vindigni G. Pesticide Risk Valuation in Empirical Economics: A Comparative Approach [J]. Ecological Economics, 2006, 56 (4): 455 - 474.

[6] Hashemi S M, Hosseini S M, Hashemi M K. Farmers' Perceptions of Safe Use of Pesticides: Determinants and Training Needs [J]. Int Arch Occup Environ Health, 2012 (85): 57 - 66.

[7] Li D, Nanseki T, Takeuchi S, et al. Farmers' Behaviors, Perceptions and Determinants of Pesticides Application in China: Evidence from Six Eastern Provincial - level Regions [J]. Journal of the Faculty of Agriculture, 2012, 57 (1): 255 - 263.

[8] Peres F, Moreira J C, Rodrigues K M, et al. Risk Perception and Communication Regarding Pesticide Use in Rural Work: A Case Study in Rio De Janeiro State,

Brazil [J]. Pesticide Risk Communication, 2006, 12 (4): 400 -407.

[9] Ahmed N, Englund J, Ahman I, et al. Perception of Pesticide Use by Farmers and Neighbors in Two Periurban Areas [J]. Science of the Total Environment, 2011: 77 -86.

[10] Hashemi S M, Rostami R, Hashemi M K, et al. Pesticide Use and Risk Perceptions among Farmers in Southwest Iran [J]. Human and Ecological Risk Assessment, 2012 (18): 456 -470.

[11] Oo M L, Yabe M, Khai H V. Farmers' Perception, Knowledge and Pesticide Usage Practices: A Case Study of Tomato Production in Inlay Lake, Myanmar [J]. Journal of the Faculty of Agriculture, 2012, 57 (1): 327 -331.

[12] Martinez R, Gratton T B, Coggin C, et al. A Study of Pesticide Safety and Health Perceptions among Pesticide Applicators in Tarrant County, Texas [J]. Journal of Environmental Health, 2004 (6): 34 -43.

[13] 王志刚，李腾飞．蔬菜出口产地农户对食品安全规制的认知及其农药决策行为研究 [J]．中国人口·资源与环境，2012 (2): 164 -169.

[14] 侯博，高申荣，吴林海．分散农户对农药残留认知的研究——以江苏无锡、南通、淮安为例 [J]．广东农业科学，2010 (2): 185 -188.

[15] 侯博，山丽杰，牛亮云．农药残留认知与主要影响因素研究——河南省223个小麦种植农户的案例 [J]．江南大学学报（人文社会科学版），2012 (2): 121 -131.

[16] 侯博，侯晶，王志威．农户的农药残留认知及其对施药行为的影响 [J]．黑龙江农业科学，2010 (2): 99 -103.

[17] 吴林海，侯博，高申荣．基于结构方程模型的分散农户农药残留认知与主要影响因素分析 [J]．中国农村经济，2011 (3): 35 -48.

[18] 侯博．茶农对农药残留的认知及其影响因素研究——基于浙江安吉的调研数据 [J]．安徽科技学院学报，2012 (2): 100 -105.

[19] 赵建欣，张晓凤．蔬菜种植农户对无公害农药的认知和购买意愿——基于河北省120家菜农的调查分析 [J]．农机化研究，2007 (11): 70 -73.

[20] 王志刚，胡适，黄棋．蔬菜种植农户对农药的认知及使用行为——基于山东莱阳、莱州、安丘三市的问卷调研 [J]．新疆农垦经济，2012 (6): 1 -6.

第三章　农药零售商的安全认知及其成因①

摘要：为了解内外部环境对零售商农药安全认知的影响作用，本章以广东省7市126个零售店的访谈数据为例，分析在理论的基础上利用结构方程模型实证分析组织特性和市场份额对零售商农药安全认知的影响效应。结果表明：①零售商的农药安全认知程度普遍偏低；②组织特性和市场份额是影响零售商农药安全认知的两个主要因素，市场份额直接影响农药安全认知，组织特性通过市场份额间接影响农药安全认知；③零售商的农药安全认知程度与经营年限、工作人员数、覆盖村落数、覆盖土地面积、大中客户数和年销售额等因素呈正相关关系；④相较于个体户、植保站和农资公司，供销社下属零售商的农药安全认知最低。

关键词：组织特性；市场份额；农药安全认知；零售商；结构方程

第一节　问题提出

农药是农业发展史上具有变革性作用的要素发明之一。它的出现为农业增产和病虫害防控带来巨大的贡献（Vettorazzi and Vettorazzi，1975）。相关研究发现：

---

① 蔡键，左两军．组织特性与市场份额对零售商农药安全认知的影响研究——基于广东省7市农药零售店的实证分析［J］．中国农业大学学报，2018（3）．

有96%的农户都将农药作为高产优质的保证（Damalas et al.，2006；麻丽平和霍学喜，2015）。因此，在全球食物需求不断增长的背景下，农药刺激农业增产的作用愈加凸显（Patarasiriwong et al.，2012），人类社会对农药的依赖程度越来越高。但是，长期实践经验表明：农药在有效控制病虫害、刺激农业增产的同时，也会对环境和公共健康造成潜在威胁（Ntow et al.，2006；王建华等，2015）。由此也引起社会对农药相关主体的关注，业界普遍认为：在无法改变现有农药品质和特性的情况下，引导农民正确、有效地使用农药，不仅能保障农业生产，还能降低农药对环境和公共健康所带来的各种威胁（Hashemi et al.，2012；侯博等，2010；马玉申等，2016）。

然而，还有另外一个群体——农药零售商，也与农药使用密切相关。他们的安全意识和农药销售行为却未得到学界与业界的重点关注。农药零售商既是农民购买农药的主要渠道（牟业，2016），也是农民获得病虫害防控知识、农药使用建议的重要信息源（Czapar et al.，2007）。研究表明：多数农药零售商尚未具备必要的知识来安全地处理农药或正确地引导农民安全用药（Stadlinger et al.，2013；蔡键，2014）。70%以上的农药零售店，都将农药与其他产品放在同一个房间里（Savage et al.，1972）；在农药零售店及其库存中经常发现已经被限制和禁止的一些高剧毒农药（Mohamed A. Dalvie et al.，2009；尹立红等，2009）。

可见，虽然提高农药零售商的安全意识，有助于规范农药市场，同时还提高农民的用药安全性。但是，农药零售商不同于农民，他们的认知行为将受到零售企业业态、所有制性质、规模、行业地位等与组织和市场环境相关因素的影响（贺爱忠等，2013）。李智（2016）认为，市场竞争激烈程度和组织内部资源是影响零售商认知、决策和行为绩效的两个主要因素。基于此，本研究提出从零售商的内部组织和外部市场两个维度来研究其农药安全认知，为提高农药零售商安全认知寻得有效对策。

第二节 现状分析：零售商的农药安全认知

一、样本数据说明

本次调查对象是以农药为主营产品的零售商。考虑到蔬菜是农业生产领域内使用农药较多的作物之一，调研组于2012年8月分别在广东省7个蔬菜种植地市（惠州、湛江、肇庆、茂名、清远、云浮、江门）进行调研。调查范围涵盖了广东省的珠三角、粤北和粤西三大区域，样本市的经济条件有发达、一般、落后三种不同水平，调研数据具有一定的广泛性和代表性。本次调查总共访谈了142个零售店，最终得到有效问卷126份，问卷有效率为88.73%。

二、零售商农药安全认知现状

借鉴前人的研究，本研究主要从两个维度考察零售商的农药安全认知：一是禁用农药（共16种）的认识程度；二是针对蔬菜的禁用农药（共13种）的认识程度。

1. 禁用农药的认识现状：认识所有禁用农药的零售商占比不足8%

调查结果表明，在126个受访对象中：48.41%的零售商仅认识5种以内的禁用农药；31.75%的零售商认识6～10种禁用农药；12.7%的零售商认识11～15种禁用农药；7.14%的零售商认识全部禁用农药。

2. 蔬菜禁用农药的认识现状：认识所有蔬菜禁用农药的零售商比例只有11.9%

调查结果表明，在126个受访对象中：认识三种以内蔬菜禁用农药的零售商比例为30.16%；对13种蔬菜禁用农药全部认识的零售商占比仅为11.9%。另外，认识4～6种、7～9种和10～12种蔬菜禁用农药的零售商比例分别为24.6%、17.46%和15.87%。

三、不同类别零售商的农药安全认知比较

以蔬菜禁用农药认识情况为例，比较不同商店性质和不同覆盖村庄数的零售商农药安全认知，以初步判别组织因素和市场因素对零售商农药安全认知是否存在影响（见表3－1）。

表3－1　不同商店性质的零售商对13种蔬菜禁用农药认识状况比较

指标		认识禁用农药数量				
		1～3	4～6	7～9	10～12	13
个体户	样本数（个）	14	13	12	12	12
	比例（%）	22.22	20.63	19.05	19.05	19.05
植保站	样本数（个）	0	3	2	0	1
	比例（%）	0	50	33.33	0	16.67
农资公司	样本数（个）	23	14	7	6	2
	比例（%）	44.23	26.92	13.46	11.54	3.85
供销社	样本数（个）	1	1	1	2	0
	比例（%）	20	20	20	40	0

资料来源：实地调研。

1. 不同商店属性零售商的农药安全认知

从蔬菜禁用农药认识程度来看，不同商店属性零售商的农药安全认知存在一定的差异。由表3－1可知，个体户零售商的禁药认识程度最高，农资公司零售商的认识程度最低。由此推测，商店属性可能是影响零售商农药安全认知的因素之一。

2. 不同村落覆盖数零售商的农药安全认知

从蔬菜禁用农药认识程度来看，覆盖村落个数不同的零售商的农药安全认知

存在一定的差异。由表3－2可知，零售商的禁药认识程度随着村落覆盖率的提高而呈现先上升后下降的趋势。由此推测，村落覆盖数可能是影响零售商农药安全认知的因素之一。

表3－2　不同村落覆盖数零售商对13种蔬菜禁用农药认识状况比较

指标		认识禁用农药数量				
		1～3	4～6	7～9	10～12	13
覆盖1～5个村	样本数（个）	19	6	5	4	2
	比例（%）	52.78	16.67	13.89	11.11	5.56
覆盖6～10个村	样本数（个）	10	10	4	6	9
	比例（%）	25.64	25.64	10.26	15.38	23.08
覆盖11～15个村	样本数（个）	4	6	5	3	3
	比例（%）	19.05	28.57	23.81	14.29	14.29
覆盖16～20个村	样本数（个）	4	4	5	2	0
	比例（%）	26.67	26.67	33.33	13.33	0
覆盖20个村以上	样本数（个）	1	5	3	5	1
	比例（%）	6.67	33.33	20	33.33	6.67

资料来源：实地调研。

描述性分析结果表明，零售商的农药安全认知水平较低，他们的农药安全认知差异一定程度体现在组织（商店属性）和市场（村落覆盖率）等内外部环境因素中。那么，内部组织情况和外部市场环境如何影响零售商的农药安全认知，有何机理？

第三节　概念界定与理论假设提出

Morales等（2005）通过研究提出，市场主体对商品的认知将受到主体自身的内部组织以及外部市场的双重影响。据此，本研究拟从组织特性和市场份额两个维度探讨农药零售商的安全认知。

一、组织特性与零售商农药安全认知

组织特性，就是组织内部结构的综合反映，包括组织的人员结构、年龄结构（成熟度）、组织性质等维度。农药零售店是一种销售型组织，组织的认知形成是其内部成员在共有目标和信念的基础上，通过共同参与的经历及密切的人际互动后逐渐形成的，这种态度、理念的综合将随着内部成员结构、组织成熟度的不同而变化（张钢和张灿泉，2010）。对此，邓少军和芮明杰（2010）通过对组织动态能力演化微观认知机制的研究，提出组织管理者的认知除了受到管理者的人力资本、社会资本的影响，还将受到组织制度、文化环境、任务环境等组织属性[①]的影响。即雇员情况、组织成熟度和零售商属性等组织特性可能对零售商的农药安全认知产生一定的影响。据此，本研究提出假设1：

H1：农药零售店的组织特性对零售商的农药安全认知有显著影响。

H1a：农药零售店的雇员情况对零售商的农药安全认知有显著影响。

H1b：农药零售店的组织成熟度对零售商的农药安全认知有显著影响。

H1c：农药零售店的组织属性对零售商的农药安全认知有显著影响。

二、市场份额与农药安全认知

市场份额，就是零售商在市场环境中的地位，包括其市场覆盖程度和市场经营效果。农药零售店不仅是一个销售组织，更是市场中的一个主体。曹芙蓉等（2011）通过研究提出，经济环境变动对市场主体认知的影响是客观存在的。可见，经济环境尤其是市场环境，是影响主体认知的因素之一。乔娟（2011）的研究表明，摊位因素能够通过影响批发商收入，间接影响批发商对猪肉质量安全的认知和行为。可见，市场覆盖情况和经营情况等体现组织市场份额的因素，可能对零售商的农药安全认知产生一定的影响。据此，本研究提出假设2：

H2：农药零售店的市场份额对零售商的农药安全认知有显著影响。

H2a：农药零售店的市场覆盖率对零售商的农药安全认知有显著影响。

---

① 调研发现，农药零售店的组织属性主要包括四个类别：个体户、植保站、农资公司和供销社。

H2b：农药零售店的经营收入对零售商的农药安全认知有显著影响。

第四节　实证分析

一、模型设定

本研究将通过结构方程模型对组织特性、市场份额与零售商农药安全认知三者关系进行实证分析，以检验理论假设是否成立。之所以选择结构方程模型，原因有二：一是3个变量都是须通过一系列指标进行衡量的不可直接观测变量；二是3个变量及测量指标之间可能存在一定的相关关系。

结构方程包括两大模型：测量模型和结构模型。

1. 结构模型和测量模型

$$\eta = B\eta + \Gamma\xi + \zeta \tag{3-1}$$

公式（3－1）为结构方程中的一般结构模型。其中：B 和 Γ 为路径系数，前者为不同潜在因变量之间的关系，后者为潜在自变量与潜在因变量的关系，ζ 为误差项。

$$x = \Lambda_x\xi + \delta \tag{3-2}$$

$$y = \Lambda_y\eta + \varepsilon \tag{3-3}$$

公式（3－2）、公式（3－3）为结构方程中的一般测量模型。其中，x 和 y 分别为外生观测变量和内生观测变量，ξ 和 η 分别为潜在自变量和潜在因变量，Λ_x 表示潜在自变量与外生观测变量之间的关系，Λ_y 表示潜在因变量与内生观测变量之间的关系，δ 和 ε 为误差项。

2. 理论模型构建

本研究的理论模型如图3－1所示。

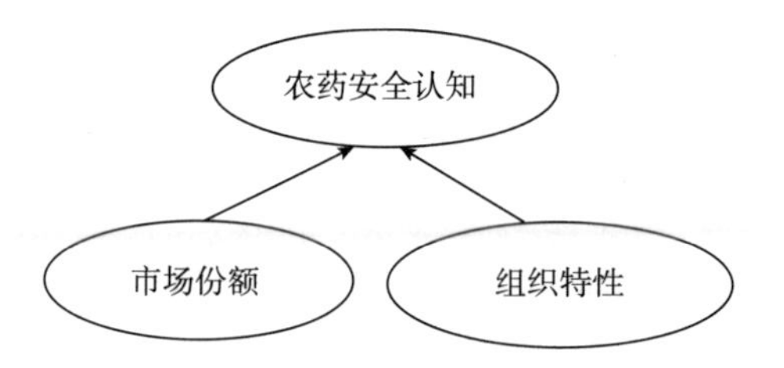

图 3-1　理论研究模型

二、变量与指标

理论模型中的 3 个变量均为潜变量（不可直接观测），因此需要通过相关指标进行衡量。对此，本研究根据前人的研究以及实地访谈经验，将每个变量都细化为 2 ~4 个可测量指标（见表 3-3）进行数据收集。

表 3-3　变量选择与指标说明

变量	指标	具体测量
农药安全认知（SCP）	禁用农药认识数 NRP	1 = [1, 5]; 2 = [6, 10]; 3 = [11, 15]; 4 = 16
	蔬菜禁用农药认识数 NRBP	1 = [1, 3]; 2 = [4, 6]; 3 = [7, 9]; 4 = [10, 12]; 5 = 13
组织特性（OC）	工作人员人数 NH	1 = (0, 2]; 2 = (2, 4]; 3 = (4, 6]; 4 = (6, 8]; 5 = (8, ∞)
	经营年限（年）YB	1 = (0, 5]; 2 = (5, 10]; 3 = (10, 15]; 4 = (15, 20]; 5 = (20, ∞)
	商店属性 SC	1 = 个体户; 2 = 植保站; 3 = 农资公司; 4 = 供销社
市场份额（MS）	覆盖村落数 CV	1 = (0, 5]; 2 = (5, 10]; 3 = (10, 15]; 4 = (15, 20]; 5 = (20, ∞)
	覆盖面积（hm^2）CA	1 = (0, 667]; 2 = (667, 2000]; 3 = (2000, 3333]; 4 = (3333, ∞)
	大中客户数 NC	1 = (0, 10]; 2 = (10, 30]; 3 = (30, 50]; 4 = (50, 100]; 5 = (100, ∞)
	年销售额（万元）SA	1 = (0, 50]; 2 = (50, 100]; 3 = (100, 150]; 4 = (150, 200]; 5 = (200, ∞)

1. 零售商农药安全认知的测量

能够衡量零售商农药安全认知的指标很多，零售商对禁用农药的认识程度是最直接有效的指标。考虑到调研地为蔬菜生产区，故将禁用农药认识程度细分为禁用农药和蔬菜禁用农药两项指标。

2. 组织特性的测量

由概念界定与理论分析可知，本书的组织特性主要包括零售店雇员情况、组织成熟度和组织属性。本书将使用零售店工作人员数作为零售店雇员情况的衡量；零售店经营年限作为零售店成熟度的衡量；零售店属性则根据实地调研情况细分为个体户、植保站、农资公司和供销社四类。

3. 市场份额的测量

由概念界定与理论分析可知，本书中的市场份额主要是指零售店的市场覆盖情况和经营收入情况。本书将使用零售店覆盖村落数和零售店覆盖土地面积两项指标作为市场覆盖率的衡量；零售店大中客户数和零售店年销售额两项指标作为经营收入情况的衡量。

三、模型拟合与修正

1. 数据检验

对样本数据进行相应的信度和效度检验，以保证计量分析的可靠性与有效性。本研究选取克隆巴赫 α 系数进行信度检验，测量结果为 0.511，达到社会学领域的一般信度要求；选取巴特利特球度和 KMO 样本测度两项指标进行效度检验，巴特利特球度指标的显著性概率 P = 0.000，KMO 值为 0.651，也达到社会学领域的一般效度要求。

2. 模型拟合

实证分析拟合结果如表 3 – 4、表 3 – 5 所示。

表 3-4　模型拟合效果

指数类型＼类别	统计检验量	实际拟合值	标准	效果
绝对适配度指数	GFI	0.909	> 0.90	理想
	RMR	0.161	< 0.08	不理想
	RMSEA	0.109	< 0.08	不理想
	ECVI	0.815	理论模型小于独立模型和饱和模型	不理想
增值适配度指数	NFI	0.673	> 0.90	不理想
	IFI	0.776	> 0.90	不理想
	TLI	0.654	> 0.90	不理想
	CFI	0.759	> 0.90	不理想
简约适配度指数	PCFI	0.527	> 0.50	理想
	PNFI	0.467	> 0.50	不理想
	卡方自由比	2.473	< 2	不理想
	AIC	101.814	理论模型小于独立模型和饱和模型	不理想

资料来源：AMOS6.0 分析结果。

表 3-5　模型估计结果

路径＼类别	参数估计	估计标准误	临界比值	标准化参数	备注
农药安全认知 <——市场份额　SCP < - - MS	0.595*	0.329	1.809	0.276	通过检验
农药安全认知 <——组织特性　SCP < - - OC	-0.282	0.506	-0.557	-0.059	不通过检验
年销售额 <——市场份额　SA < - - MS	0.781**	0.359	2.178	0.349	通过检验
中大客户数 <——市场份额　NC < - - MS	1.000			0.408	通过检验
覆盖面积 <——市场份额　CA < - - MS	0.784**	0.317	2.474	0.469	通过检验
覆盖村落数 <——市场份额　CV < - - MS	1.294**	0.520	2.486	0.579	通过检验
工作人员数 <——组织特性　NH < - - OC	-1.022**	0.449	-2.277	-0.400	通过检验
经营年限 <——组织特性　YB < - - OC	-3.542	2.914	-1.216	-0.891	不通过检验
商店属性 <——组织特性　SC < - - OC	1.000			0.259	通过检验
蔬菜禁用农药认识数 <——农药安全认知 NRBP <——SCP	1.000			0.939	通过检验
禁用农药认识数 <——农药安全认知 NRP <——SCP	0.501**	0.235	2.133	0.698	通过检验

资料来源：AMOS6.0 分析结果（其中 ***、**、* 分别表示 1%、5%、10% 的置信水平）。

由表3－4、表3－5可知，第一，模型的整体拟合效果较差，大部分指标都没通过检验；第二，只有假设2（市场份额影响农药安全认知）通过检验，假设1（组织特性影响农药安全认知）没有通过检验；第三，大部分测量项都通过检验（只有经营年限没通过检验）。可见，测量项对潜变量有一定的解释力；理论模型有一定的合理性，但仍存在不足。据此，本书提出在现有理论模型的基础上，结合实证检验所得的调整指数（MI）对理论模型进行修正。

3. 模型修正

由实证检验的调整指数可知，本研究中的组织特性对市场份额有一定的影响作用，个别测量项之间存在一定的相关性。由此推测：组织特性可能通过市场份额间接影响农药安全认知。因此，可将组织特性的影响路径修改为间接影响，再根据测量项误差的修正指数，对理论模型进行完善。修正之后的模型结果如表3－6、表3－7、表3－8所示。

表3－6　修正模型拟合效果

指数类型＼类别	统计检验量	实际拟合值	标准	效果
绝对适配度指数	GFI	0.947	＞0.90	理想
	RMR	0.095	＜0.08	接近理想
	RMSEA	0.046	＜0.08	理想
	ECVI	0.574	理论模型小于独立模型和饱和模型	理想
增值适配度指数	NFI	0.832	＞0.90	接近理想
	IFI	0.959	＞0.90	理想
	TLI	0.937	＞0.90	理想
	CFI	0.956	＞0.90	理想
简约适配度指数	PCFI	0.664	＞0.50	理想
	PNFI	0.578	＞0.50	理想
	卡方自由比	1.268	＜2	理想
	AIC	71.693	理论模型小于独立模型和饱和模型	理想

资料来源：AMOS6.0分析结果。

表 3-7　修正模型估计结果

类别 路径	参数估计	估计标准误	临界比值	标准化参数	备注
市场份额 <——组织特性　MS < - - OC	-1.210^{**}	0.520	-2.329	-0.900	通过检验
农药安全认知 <——组织特性　SCP < - - OC	0.675^{**}	0.341	1.978	0.276	通过检验
年销售额 <——市场份额　SA < - - MS	0.848^{**}	0.364	2.327	0.336	通过检验
中大客户数 <——市场份额　NC < - - MS	1.000			0.362	通过检验
覆盖面积 <——市场份额　CA < - - MS	1.027^{***}	0.357	2.877	0.545	通过检验
覆盖村落数 <——市场份额　CV < - - MS	1.391^{***}	0.482	2.889	0.553	通过检验
工作人员数 <——组织特性　NH < - - OC	-0.895^{***}	0.308	-2.905	-0.513	通过检验
经营年限 <——组织特性　YB < - - OC	-1.636^{***}	0.540	-3.030	-0.604	通过检验
商店属性 <——组织特性　SC < - - OC	1.000			0.381	通过检验
蔬菜禁用农药认识数 <——农药安全认知　NRBP <——SCP	1.000			0.943	通过检验
禁用农药认识数 <——农药安全认知　NRP <——SCP	0.496^{**}	0.217	2.293	0.697	通过检验

资料来源：AMOS6.0 分析结果（其中 ***、**、* 分别表示 1%、5%、10% 的置信水平）。

表 3-8　潜变量之间的影响效应

路径	直接效应	间接效应	总效应
组织特性——>市场份额　OC——>MS	-0.900	0.000	-0.900
组织特性——>农药安全认知　OC——>SCP	-0.000	-0.249	-0.249
市场份额——>农药安全认知　MS——>SCP	0.276	0.000	0.276

资料来源：AMOS6.0 分析结果。

4. 实证结果说明

（1）假设检验。由表 3-6、表 3-7、表 3-8 可知，修正模型的整体拟合效果较好，可运用计量所得的潜变量之间关系以及影响效应来验证理论假设，并用标准化影响效应系数来代表每个路径影响程度的大小。结果表明，组织特性和市场份额都是影响零售商农药安全认知的因素，两个研究假设均通过检验。除此之外，实证结果还表明组织特性通过市场份额间接影响农药安全认知，标准化后的间接影响系数为 -0.249；市场份额直接影响农药安全认知，标准化后的直接影

响系数为 0.276。

（2）测量项影响作用分析。由表 3－7、表 3－8 可知，第一，在组织特性方面，零售商的农药安全认知将随着经营年限的增加、工作人员数的增加而提升，并且商店属性不同（个体户、植保站、农资公司、供销社）也是影响零售商农药安全认知的因素之一。第二，在市场份额方面，零售商的农药安全认知将随着覆盖村落数、覆盖土地面积、大中客户数和年销售额的增加而提升，并且这 4 个指标对农药安全认知的影响作用（标准化路径系数）依次减小。

第五节　主要结论与政策启示

1. 本书利用广东省 7 市 126 个农药零售店的访谈数据

在理论分析的基础上以组织特性、市场份额和农药安全认知为潜变量，构建结构方程模型，检验三者的内在逻辑关系，并得到如下一般性结论。

（1）组织特性和市场份额是影响零售商农药安全认知的因素，组织特性通过市场份额间接影响农药安全认知，市场份额直接影响农药安全认知。

（2）零售商的农药安全认知程度与经营年限、工作人员数、覆盖村落数、覆盖土地面积、大中客户数和年销售额等因素呈正相关关系。

（3）不同商店属性零售商的农药安全认知有较大的差异，相较于个体户、植保站和农资公司，供销社下属零售商的农药安全认知最低。

2. 在上述研究结论的基础上，本书也得到两点政策启示

（1）相关部门应对零售商进行分区管理并设置严格的准入门槛，有效控制每个区域的零售商数量。研究结果表明：零售商的市场份额，尤其是市场覆盖率与其农药安全认知呈正相关关系。因此，本研究认为，可通过分区管理和设置准入门槛的方式，将部分小规模、不规范的零售商剔除于市场之外，进而提高合格零售商的市场覆盖范围，确保市场中的零售商都有较高的农药安全认知。

（2）相关部门应有效控制供销社下属的农药零售店数量与规模。研究结果

表明，相较于个体户、植保站和农资公司，供销社下属零售商的农药安全认知最低。其原因可能是供销社将部分经营许可证出租后，监管工作未能及时到位。因此，本书认为，在市场环境不断优化的背景下，应该有效控制供销社开设农药零售店的数量和规模，严格控制供销社的经营许可证，进而提高市场中零售商的农药安全认知。

参考文献

［1］Vettorazzi G, Vettorazzi P M. Safety Evaluation of Chemicals in Food: Toxicological Data Profiles for Pesticides［J］. Bulletin of the World Health Organisation, 1975, 52 (3): 1 –61.

［2］Damalas C A, Georgiou E B, Theodorou M G. Pesticide Use and Safety Practices among Greek Tobacco Farmers: A Survey［J］. International Journal of Environmental Health Research, 2006, 16 (5): 339 –348.

［3］Patarasiriwong V, Wongpan P, Korpraditskul R, Kerdnoi T, Ngampongsai A, Iwai C B. Pesticide Distribution in Pesticide Packaging Waste Chain of Thailand［C］// ICEEBS, 2012. Pattaya (Thailand): International Conference on Chemical［J］. Environmental Science and Engineering, 2012: 26 –29.

［4］Ntow W J, Gijzen H J, Kelderman P, Drechsel P. Farmer Perceptions and Pesticide Use Practices in Vegetable Production in Ghana［J］. Pest Management Science, 2006, 62 (4): 356 –365.

［5］Hashemi S M, Hosseini S M, Hashemi M K. Farmers' Perceptions of Safe Use of Pesticides: Determinants and Training Needs［J］. International Archives of Occupational and Environmental Health, 2012, 85 (1): 57 –66.

［6］Czapar G F, Curry M P, Cloyd R A. Educational Needs and Customer Service Practices of Retail Stores That Sell Pesticides in Illinois［J］. Horttechnology, 2007, 17 (1): 115 –119.

［7］Stadlinger N, Mmochi A J, Kumblad L. Weak Governmental Institutions Impair the Management of Pesticide Import and Sales in Zanzibar［J］. A Journal of the Human Environment, 2013 (42): 72 –82.

[8] Savage E P, Tessari J D, Couture L P. Pesticides Sold in Grocery Stores are Potential Health Hazards [J]. Health Services Reports, 1972, 87 (8): 734.

[9] Dalvie M A, Africa A, London L. Change in the Puantity and Acute Toxicity of Pesticides Sold in South African Crop Sectors, 1994 - 1999 [J]. Environment International, 2009, 35 (4): 683 - 687.

[10] Morales A, Kahn B E, Mcalister L, Broniarczyk S M. Perceptions of Assortment Variety: The Effects of Congruency between Consumers' Internal and Retailers' External Organization [J]. Journal of Retailing, 2005, 81 (2): 159 - 169.

[11] 麻丽平，霍学喜．农户农药认知与农药施用行为调查研究 [J]．西北农林科技大学学报（社会科学版），2015 (5): 65 - 71.

[12] 王建华，刘茁，李俏．农产品安全风险治理中政府行为选择及其路径优化：以农产品生产过程中的农药施用为例 [J]．中国农村经济，2015 (11): 54 - 62.

[13] 侯博，侯晶，王志威．农户的农药残留认知及其对施药行为的影响 [J]．黑龙江农业科学，2010 (2): 99 - 103.

[14] 马玉申，龚继红，孙剑．农民农药属性认知、安全责任意识与农药配比行为 [J]．中国农业大学学报，2016，21 (3): 141 - 150.

[15] 牟业．吉林省农村居民使用农药知识态度与行为调查 [J]．中国农村卫生事业管理，2016，36 (2): 222 - 225.

[16] 蔡键．风险偏好、外部信息失效与农药暴露行为 [J]．中国人口·资源与环境，2014，24 (9): 135 - 140.

[17] 尹立红，刘智军，熊忠平等．浅谈农药零售环节存在的问题 [J]．农技服务，2009，26 (11): 159 - 160.

[18] 贺爱忠，杜静，陈美丽．零售企业绿色认知和绿色情感对绿色行为的影响机理 [J]．中国软科学，2013 (4): 117 - 127.

[19] 李智．零售企业体验性服务导向策略的影响因素研究 [J]．中国软科学，2016 (9): 112 - 124.

[20] 张钢，张灿泉．基于组织认知的组织变革模型 [J]．情报杂志，2010 (5): 6 - 11.

[21] 邓少军，芮明杰．组织动态能力演化微观认知机制研究前沿探析与未

来展望［J］. 外国经济与管理，2010（11）：26－34.

［22］曹芙蓉，孙梦阳，赵晓燕. 经济环境因素对旅游认知影响的实证分析：以金融危机对旅京入境旅游者的影响为例［J］. 北京行政学院学报，2011（4）：81－84.

［23］乔娟. 基于食品质量安全的批发商认知和行为分析：以北京市大型农产品批发市场为例［J］. 中国流通经济，2011（1）：76－80.

第二篇

农户安全施用农药的行为及其成因

计划行为理论（TPB）表明，人们关于某项行为的态度与认知，在很大程度上决定了人们的行为决策。由第一部分研究结果可知，农药相关主体（使用者和销售者）对农药安全的认知程度均较低，这很可能影响甚至决定农民的农药安全施用行为。据此，本书的第二篇将重点探讨农户的农药安全施用行为及其成因，并将农药安全认知（态度）列为主要影响因素进行分析与研究。第二篇包括四个章节：前面两个章节围绕农户在施用农药过程中的“农药暴露行为”开展研究，并按照由一般影响因素到深层次原因逐步深入的逻辑思路进行；后面两个章节围绕农户施用农药后的“农药包装废弃物回收行为”开展研究，考虑到农药废弃物回收在中国刚刚起步，因此，先分析该行为的可行性，再对农民关于该行为的态度和模式选择进行深入研究。

第四章以广东农民个人保护装备使用情况为例，首先，利用广东省441个农户的个人保护装备使用情况分析了农药暴露现象，表明农户存在严重的农药暴露现象，并且菜农比稻农更为严重；其次，采用有序回归模型检验了农户农药暴露行为的一般影响因素，发现性别、家庭劳动力、作物类型、农药认知和年龄是影响农药暴露行为的一般因素；最后，提出继续推进和差异化实施农药知识的培训工作、提高农民组织化程度等对策建议。

第五章在第四章研究结论“菜农比稻农有更加严重的农药暴露行为”的基础上，重点探讨了菜农农药暴露行为的深层次原因。首先，利用广东省169个菜农的实地调研数据，分析了农药暴露行为，发现菜农整体的农药暴露情况较为严重；其次，在控制农民的年龄、受教育程度和性别后，构建有序回归模型检验了“外部信息失效”才是农民农药暴露行为的深层次原因；再次，对农民农药信息失效的原因进行了研究，表明农药零售商为了追求利益最大化而向农民提供不完全或者不对称的农药信息；最后，提出加强对农药零售商的培训、管理和监督，强化相关部门农药信息服务功能等对策建议。

第六章首先利用广东省169个菜农的实地调研数据，分析了农户的农药包装废弃物处置现状，表明大部分农民却通过“顺手丢弃”的方式来处置农药包装废弃物，这会导致农药残留扩散，引发环境污染问题；其次，利用农民的态度调查结果分析农药包装废弃物回收的可行性，发现在广东农村开展农药包装废弃物回收工作，具有一定的可行性，该工作将得到约70%的农民认可，并且其中有40%的农民将大力支持该工作。

第七章在第六章研究结论“回收是农药包装废弃物处置的最佳方式，其该行为具有一定的可行性”的基础上，重点探讨了农户的农药包装废弃物回收行为的决定因素。首先，利用广东省272个稻农的实地调研数据分析了农药包装废弃物处置现状；其次，对稻农回收农药包装废弃物的态度及其影响因素进行实证分析，发现超过90%的农民支持农药包装废弃物回收工作，他们的态度主要受到农药认知水平的影响；再次，对最佳的农药包装废弃物回收模式进行了研究，政府主导型的回收模式，尤其是“在田间设回收箱”模式是目前农户普遍接受认可的回收模式；最后，提出通过教育培训提高农户的农药认知水平，短期内应以政府主导型回收模式为主，长期内则应该根据农户的农药认知和回收态度情况逐步建立农药包装废弃物回收市场等对策建议。

第四章　农药暴露行为的影响因素分析

——以广东农民个人保护装备使用情况为例[①]

摘要：利用广东省441个农户数据分析农药暴露现象，并采用有序回归模型检验农户个人保护装备使用的影响因素。研究表明：农户存在严重的农药暴露现象，农户个人保护装备使用决策主要受到性别、家庭劳动力、作物类型、农药认知和年龄等因素的影响。

关键词：农药暴露；个人保护装备；有序回归模型

第一节　问题提出

为减少病虫害和增加食物，农药在农业领域的引入带来了不可否认的利益（G. Vettorazzi et al.，1975），因而人们越来越依赖于农药，农药施用量逐年上升。然而在农业生产高速增长的“成功”背后，我们还必须付出一个代价，这是因为农药对健康和环境的负面影响没有被考虑在农产品的最终成本中（Wagner Lopes Soares et al.，2012）。农药的不断增加，大大地提高了农作物产量和生产率，但也导致有毒化学物质的释放，污染了环境，并引发农药暴露问题。简单地说，农药暴露就是农业生产者长期暴露于不利于自身健康的农药环境中（Chris-

① 蔡键．农药暴露与农户个人保护装备使用研究——以广东农民为例［J］．软科学，2014（8）．

tos Asterios Damalas et al.，2010；张翼翾，2003）。农药暴露可以引起诸如神经损伤、癌症等长期健康问题，也可引起诸如皮肤或眼睛刺激、头晕和恶心等短期健康问题（Giuseppe Feola et al.，2010；王志刚和吕冰，2009）。尽管一开始许多农药暴露所造成的健康问题看起来微不足道，但这些微小的影响最终可能导致农民失去生命（Fangbin Qiao et al.，2012）。并且农药暴露的这种危害，不仅会影响到农户本人，还可能影响到其他家庭成员的健康（Chensheng Lu et al.，2000）。

的确，农业是最危险的产业之一，有着非常高的职业伤害发生率。政府和公众越来越关注农业化学物质对人类健康的危害，其中农药对农业生产者的健康危害最受关注（Savid Sunding et al.，2000）。随着农药施用量的增加，农户和生活在农业区域的人群有着越来越高的农药暴露倾向（Sheela Sathyanarayana et al.，2010）。这种现象在发展中国家更为严重，因为发展中国家大多数农户是通过背负式喷雾器施用农药，这加大了农药暴露的潜在可能性（Giuseppe Feola et al.，2012）。为减少农药暴露行为并降低健康风险，国际劳工组织和世界卫生组织建议使用工作服、手套、护目镜和靴子等个人防护装备（PPE）。不幸的是，发展中国家的小农一般未能遵守这些安全标准（Giuseppe Feola et al.，2010）。那么中国农户的农药暴露情况是否严重，他们是否使用个人保护装备，这些决策受到哪些因素的影响？探讨这些问题将有助于更好地理解农户的农药暴露情况，并为规范农户使用个人保护装备提供有效对策（见表4－1）。

表4－1　农户的农药暴露情况

类别 / 农户种类	没有装备		手套或者口罩		手套和口罩		手套、口罩和雨鞋		全套雨衣	
	人数（人）	比例（%）	人数（人）	比例（%）	人数（人）	比例（%）	人数（人）	比例（%）	人数（人）	比例（%）
全部农户	262	59.41	101	22.90	27	6.12	32	7.26	19	4.31
水稻种植户	138	50.55	81	29.67	14	5.13	23	8.42	17	6.23
蔬菜种植户	124	73.81	20	11.90	13	7.74	8	4.76	2	1.19
男性农户	201	65.26	59	19.16	20	6.49	20	6.49	8	2.60
女性农户	61	45.86	42	31.58	7	5.26	12	9.02	11	8.27

资料来源：笔者实地调研。

第二节　农户的农药暴露情况

一、数据来源

为保证数据的广泛性和代表性，本调研组于2012年9月分别在广东省进行了两轮调查，第一轮为水稻种植户（11个县市）的入户调查，第二轮为蔬菜种植户（9个县市）的入户调查。两轮调查共发放问卷604份（其中水稻种植户330份，蔬菜种植户274份），回收问卷536份，有效问卷441份，有效回收率达到82.28%。

二、农药暴露情况

1. 农户的农药暴露现象较为严重

整体而言，农户有严重的农药暴露现象。如表4－1所示，在441个农户样本中：有59.41%的农户（262户）在施用农药时没有穿戴任何个人保护装备；有22.9%的农户（101户）仅穿戴了手套或者口罩；有6.12%的农户（27户）同时穿戴手套和口罩；有7.26%的农户（32户）同时戴手套、口罩和雨鞋；有4.31%的农户（19户）同时穿戴全套雨衣。

2. 蔬菜种植户比水稻种植户有更高的农药暴露现象

如表4－1所示，在167个蔬菜种植户中，有124名农户在施用农药时没有穿戴任何个人保护装备，比例高达73.81%；而施药时穿戴全套雨衣的农户仅有2人，比例仅为1.19%。相比之下，水稻种植户有较低的农药暴露行为。在273个水稻种植户中，施药时没有穿戴任何个人保护装备的农户为138人，比例为50.55%，而施药时穿戴全套雨衣的农户为17人，比例则为6.23%。

3. 男性农户比女性农户有更高的农药暴露现象

如表4－1所示，在133个女性农户中，施药时没有穿戴任何个人保护装备的农户为61人，比例为45.86%；而施药时穿戴全套雨衣的农户为11人，比例则为8.27%。在308个男性农户中，在施药时没有穿戴任何个人保护装备的农户有201名，比例高达65.26%，而施药时穿戴全套雨衣的农户仅有8人，比例仅为2.60%。

第三节　农户个人保护装备使用的影响因素分析

由前文分析可知，中国农户有较高的农药暴露现象，施药时穿戴全套个人保护装备的农户较少。那么，农户为何会做出这样的决策，哪些因素决定了他们的行为？为此，需要进一步分析农户个人保护装备使用的影响因素。

一、模型设定

根据实地调研的数据，笔者将农户个人保护装备使用情况分为五类：一是没有穿戴任何保护装备；二是仅穿戴手套或者口罩；三是同时穿戴手套和口罩；四是同时穿戴手套、口罩和雨鞋；五是穿戴全套雨衣。这五种情况之间是递进的关系，属于有序型五分变量，因而本章采用有序回归模型（Ordinal Regression）进行实证分析。具体函数类型则是采用有序回归模型中应用最广的Logit连接函数。基本模型如公式（4－1）所示。

$$\ln\left(\frac{\pi_{ij}(Y\leqslant j)}{1-\pi_{ij}(Y\leqslant j)}\right)=\ln\left(\frac{\pi_{i1}+\cdots+\pi_{ij}}{\pi_{i(j+1)}+\cdots+\pi_{iJ}}\right)(j=1,\ 2,\ \cdots,\ J-1)$$
$$=\alpha_j-(\beta_1X_{i1}+\cdots+\beta_pX_{ip}) \qquad (4-1)$$

通过累加概率可得到累加Logit模型，再结合本章的因变量取值个数，可得到本章的基本计量模型，具体见公式（4－2）至公式（4－6）。

$$\hat{p}_1 = \frac{\exp[a_1 - (b_1X_{i1} + \cdots + b_pX_{ip})]}{1 + \exp[a_1 - (b_1X_{i1} + \cdots + b_pX_{ip})]} \tag{4-2}$$

$$\hat{p}_2 = \frac{\exp[a_2 - (b_1X_{i1} + \cdots + b_pX_{ip})]}{1 + \exp[a_2 - (b_1X_{i1} + \cdots + b_pX_{ip})]} \tag{4-3}$$

$$\hat{p}_3 = \frac{\exp[a_3 - (b_1X_{i1} + \cdots + b_pX_{ip})]}{1 + \exp[a_3 - (b_1X_{i1} + \cdots + b_pX_{ip})]} \tag{4-4}$$

$$\hat{p}_4 = \frac{\exp[a_4 - (b_2X_{i1} + \cdots + b_pX_{ip})]}{1 + \exp[a_4 - (b_1X_{i1} + \cdots + b_pX_{ip})]} \tag{4-5}$$

$$\hat{p}_5 = 1 - (\hat{p}_1 + \hat{p}_2 + \hat{p}_3 + \hat{p}_4) \tag{4-6}$$

二、变量选取

农户个人保护装备使用决策既是一种个人决策行为，也是一种农业种植行为，因而受到个人特征、农药认知以及种植特征三大类因素的影响，具体的变量类型及描述性统计如表4－2所示。

表4－2　变量及描述性统计

类别 变量	说明	均值	标准差
个人保护装备使用情况（ppe）	1＝没有穿戴任何保护装备；2＝仅穿戴手套或者口罩；3＝同时穿戴手套和口罩；4＝同时穿戴手套、口罩和雨鞋；5＝穿戴全套雨衣	1.74	1.127
废弃物回收认知（rec）	1＝没有必要；2＝必要性很小；3＝有一定必要性；4＝必要性较大；5＝必要性非常大	3.22	1.32
性别（gen）	1＝男性；0＝女性	0.70	0.460
受教育程度（edu）	1＝小学未毕业；2＝小学；3＝初中；4＝高中；5＝技校或职中	2.39	0.873
年龄（age）	农户当年的实际年龄	52.03	8.860
种植面积（scale）	农户当年的实际种植面积	5.96	10.087
劳动力数量（labor）	农户当年的家庭劳动力数量	1.85	0.713
作物类别（crop）	1＝水稻；0＝蔬菜	0.62	0.486

1. 个人特征

本研究中的个人特征主要包括性别、年龄和受教育程度。一般研究（Giuseppe Feola et al. , 2010）认为，女性在施药时更为细心，因而会更倾向于使用个人保护装备；年龄越大的农户，越不在意其身体状况，因而相对于年轻农户，年长农户使用个人保护装备的概率较小；受教育程度越高的农户，越了解农药的危害性并且更加关心自身的健康，因而受教育程度越高的农户越倾向于使用个人保护装备。

2. 农药认知

一般行为理论提出，认知是行为的基础，人们基于对事物的认知而做出各种决策。因而大部分研究者（Christos Asterios Damalas et al. , 2010；Giuseppe Feola et al. , 2012）都认为，农药认知越深的农户，越了解农药暴露的危害性，因而越倾向在施药时使用个人保护装备。然而，农药认知是农户的主观认识，并没有客观的指标可以直接描述该变量，对此，本研究选取农户对农药废弃物回收必要性的认可程度来作为替代变量。

3. 种植特征

本研究中的种植特征主要包括种植面积、劳动力数量和农作物类型。在农户施药时个人保护装备的使用情况，也是农户进行农业生产的一部分，因而将受到农户种植特征的影响。一般学者（W. Scott Carpenter et al. , 2002）认为，种植规模（种植面积和劳动力数量）越大的农户，每次农药施用量越多，他们对农药危害性有更深的了解，因而更倾向使用自我保护装备。另外本研究也认为，不同作物种类（尤其是粮食作物和非粮食作物）的农户，其农药施用量（数量和次数）不同，因而对农药危害性的认识以及农药暴露的理解将有所不同，这也影响到个人保护装备使用决策，因此，本研究也将作物类型作为影响农户个人保护装备使用的种植特征之一。

三、模型估计

本章利用软件 SPSS 17.0 对样本数据及上述模型进行回归拟合，拟合结果如表 4 - 3 和表 4 - 4 所示。

1. 模型整体拟合效果

如表 4 - 3 所示，本研究模型的整体拟合信息检验值（犯错概率）为 0.000，小于 0.05，说明本研究模型有统计学意义。在拟合优度方面，本模型的 Deviance 值检验结果为 0.442，Pearson 值为 1.000，均大于 0.05，说明模型拟合良好。在伪决定系数方面，本模型的 Cox 和 Snell 系数值为 0.129，Nagelkerke 系数值为 0.144，McFadden 系数值为 0.061，三个检验值均大于 0.05，说明模型有一定的预测性。

表 4 - 3　模型拟合结果

			检验值	标准	效果
模型检验结果	模型拟合信息		0.000	<0.05	理想
	拟合优度	Deviance	0.442	>0.05	理想
		Pearson	1.000	>0.05	理想
	伪决定系数	Cox and Snell	0.129	>0.05	理想
		Nagelkerke	0.144	>0.05	理想
		McFadden	0.061	>0.05	理想

资料来源：SPSS 17.0 分析结果。

表 4 - 4　模型估计结果

		估计	显著性	95% 置信区间	
				下限	上限
阈值	[ppe = 1.00]	-0.234	0.763	-1.752	1.285
	[ppe = 2.00]	1.037	0.182	-0.484	2.558
	[ppe = 3.00]	1.569 **	0.044	0.041	3.097
	[ppe = 4.00]	2.701 ***	0.001	1.134	4.268

续表

		估计	显著性	95%置信区间	
				下限	上限
位置	性别（gen）	-0.737***	0.001	-1.175	-0.299
	年龄（age）	-0.020	0.103	-0.044	0.004
	家庭劳动力（labor）	0.452***	0.001	0.178	0.726
	作物类型（crop）	0.846***	0.000	0.405	1.287
	规模（scale）	-0.012	0.245	-0.031	0.008
	[edu=1.00]	-0.212	0.611	-1.026	0.603
	[edu=2.00]	0.226	0.524	-0.468	0.920
	[edu=3.00]	0.286	0.423	-0.414	0.986
	[edu=4.00]	0[a]	.	.	.
	[rec=1.00]	-0.960***	0.006	-1.650	-0.269
	[rec=2.00]	-0.477	0.123	-1.084	0.130
	[rec=3.00]	-0.957***	0.001	-1.525	-0.388
	[rec=4.00]	-0.524*	0.064	-1.079	0.031
	[rec=5.00]	0[a]	.	.	.

资料来源：SPSS 17.0分析结果（其中***、**、*分别表示1%、5%和10%的置信水平）。

2. 解释变量拟合效果

如表4-4所示，在七个解释变量中通过5%显著水平检验的有性别（gen）、家庭劳动力（labor）、作物类型（crop）和农药废弃物回收认知（rec）。另外，年龄（age）的检验值（犯错概率）为0.103，说明其对农户自我保护装备使用也有一定的解释作用。

（1）性别（gen）。该变量为二分变量，其偏回归系数 $\beta_{gen}=-0.737<0$，因而发生比例 $OR=\exp(\beta_{gen})<1$。表明随着变量性别取值的增大，农户使用个人保护装备的倾向将减小，即性别对个人保护装备使用有显著的负向影响作用。而根据本章中性别变量的取值情况（1=男性；0=女性）可知，女性农户比男性农户有更高的使用个人保护装备的倾向。这也验证了最初的假设，女性农户往往更加细心，能观察并了解农药暴露的危害性，从而使用个人保护装备的概率相对

更高。

（2）家庭劳动力（labor）。该变量为连续变量，其偏回归系数 β_{labor} = 0.452 >0，因而发生比例 $OR = \exp(\beta_{labor}) > 1$。表明随着变量家庭劳动力取值的增大，农户使用个人保护装备的倾向将增大，即家庭劳动力对个人保护装备使用有显著的正向影响作用。而同样代表农业种植规模的变量（种植面积）却没能通过检验，这说明农户使用个人保护装备倾向增大的原因并非在于大规模种植提升了农户对农药暴露的认识，进而促使农户增大使用个人保护装备的概率。其原因可能在于家庭劳动力多的农户，他们有更多的机会与其他劳动力进行信息交流，从而提升自身对农药暴露的认识，进而才促进个人保护装备使用概率的提升。

（3）作物类型（crop）。该变量为二分变量，其偏回归系数 $\beta_{crop} = 0.846 > 0$，因而发生比例 $OR = \exp(\beta_{crop}) > 1$。表明随着变量作物类型取值的增大，农户使用个人保护装备的倾向将增大。而根据本章中性别变量的取值情况（1 = 水稻；0 = 蔬菜）可知，水稻种植户比蔬菜种植户有更高的使用个人保护装备的倾向，即作物类型对个人保护装备使用有显著的正向影响作用。这也验证了最初的假设，作物类型不同的农户，其对农药暴露了解的程度也将有所不同。种植粮食作物的农户比种植非粮食作物的农户将有更高的农药暴露认识，其使用个人保护装备的概率相对更大。

（4）废弃物回收认知（rec）。该变量为五分变量，当 $rec = 1$ 时，$\beta_{rec} = -0.960 < 0$；当 $rec = 2$ 时，$\beta_{rec} = -0.477 < 0$；当 $rec = 3$ 时，$\beta_{rec} = -0.957 < 0$；当 $rec = 4$ 时，$\beta_{rec} = -0.524 < 0$；当 $rec = 5$ 时，β_{rec} 的取值已被模型设定为 0。因而发生比例 $OR = \exp(\beta_{rec}) < 1$，表明与农药废弃物回收认知较高的农户相比，认知较低的农户使用个人保护装备的倾向减小，即农药废弃物回收认知对个人保护装备使用有显著的负向影响作用。而由变量选取可知，农药废弃物回收认知是农药认知的代理变量。这也验证了最初的假设，农药认知越深的农户，其对农药暴露的认识也越深，其个人保护装备使用概率也将越高。

（5）年龄（age）。如果将显著水平条件放宽至 11% 或者 12%，年龄也将通过显著性检验。其为连续变量，偏回归系数 $\beta_{age} = -0.020 < 0$，因而发生比例 $OR = \exp(\beta_{gen}) < 1$。表明随着变量年龄取值的增大，农户使用个人保护装备的倾向将减小，即年龄对个人保护装备使用有显著的负向影响作用。这也验证了最

初的假设，年龄越大的农户，越不关心自身的健康问题，对农药暴露的认识越少，其使用个人保护装备的概率越低。

第四节　结论与建议

基于以上的论述及分析，本研究得到如下三点结论：

（1）大部分农户都存在严重的农药暴露现象，仅有小部分农户能够通过 PPE 使用进而控制自身的农药暴露行为。

（2）农户农药暴露行为因性别和作物类型而有所差异，非粮食作物农户比粮食作物有更高的农药暴露行为，男性农户比女性农户有更高的农药暴露行为。

（3）通过农户个人保护装备使用的影响因素分析可知：第一，女性农户比男性农户有更高的个人保护装备使用概率；第二，随着家庭劳动力数量的增多，农户使用个人保护装备的概率将提高；第三，粮食作物农户比非粮食作物农户有更高的个人保护装备使用概率；第四，农药认知越深的农户，其个人保护装备使用概率越高；第五，随着年龄增长，农户的个人保护装备使用概率将降低。

基于以上研究结论，本书认为可从以下三个方面提高农户的个人保护装备使用倾向，从而有效地控制农户的农药暴露行为：

（1）继续推进农药知识的培训工作。由前文分析可知，农药认知是农户个人保护装备使用的显著影响因素之一，随着农药认知的加深，农户的 PPE 使用概率将不断提高。而提升农药认知，最直接的途径就是进行各类农药培训，包括农药基本知识、农药使用方法、农药处理方式等各方面知识的培训。毕竟农户是农药的直接使用者，培训对他们而言既是理论知识的学习，更是实践活动的有效检验，这种理论与实践相结合的方法，能大大提升他们对农药的认知。

（2）提高农民组织化程度，加大农药信息宣传力度。由前文分析可知，家庭劳动力数量是农户个人保护装备使用的显著影响因素之一，随着家庭劳动力的增多，家庭内部农药信息交流的机会随之增多，农户对农药暴露的认识也将加深，从而提高农户使用 PPE 的概率。从家庭角度而言，家庭劳动力增多的幅度有限。对此，一方面，可通过成立合作社、农业企业等方式，进一步加大农民的组

织化程度，促进农户之间的信息交流，从而提高农户对农药暴露的认识；另一方面，可通过加大农药信息宣传力度，使小规模农户获得更多的农药信息，从而提高农户对农药暴露的认识。

（3）重点加强对男性农户、非粮食种植户以及老年农户的培训和宣传工作。由前文分析可知，相较于其他农户，男性农户、非粮食种植户和老年农户是农药暴露最为严重的群体，他们有较高的不使用 PPE 的概率和较低的使用全套 PPE 的概率。因而他们应该成为今后提升农药认知的主要对象，相关部门的农药培训和宣传工作应该重点倾向上述群体，提高他们的农药认知水平，进而减少农药暴露行为。

参考文献

[1] G Vettorazzi, P Miles – Vettorazzi. Safety Evaluation of Chemicals in Food: Toxicological Data Profiles for Pesticides [J]. Bull World Health Organisation, 1975, 52 (3): 1 – 61.

[2] Soares, de Souza Porto. Pesticide Use and Economic Impacts on Health [J]. Revista De Saúde Pública, 2012, 46 (2): 1 – 8.

[3] Damalas, Hashemi. Pesticide Risk Perception and Use of Personal Protective Equipment among Young and Old Cotton Growers in Northern Greece [J]. Agrociencia, 2010 (44): 363 – 371.

[4] Feola, Binder. Why Don't Pesticide Applicators Protect Themselves? Exploring the Use of Personal Protective Equipment among Colombian Smallholders [J]. International Journal of Occupational and Environmental Health, 2010, 16 (1): 11 – 23.

[5] Qiao, et al. Pesticide Use and Farmers' Health in China's Rice Production [J]. China Agricultural Economic Review, 2012, 4 (4): 468 – 484.

[6] Lu, et al. Pesticide Exposure of Children in an Agricultural Community: Evidence of Household Proximity to Farmland and Take Home Exposure Pathways [J]. Environmental Research Section, 2000 (84): 290 – 302.

[7] Sunding, Zivin. Insect Population Dynamics, Pesticide Use, and Farmworker

Health [J] . American Agricultural Economics Association, 2000 (82): 527 – 540.

[8] Sathyanarayana, et al. Maternal Pesticide Use and Birth Weight in the Agricultural Health Study [J] . Journal of Agromedicine, 2010 (15): 127 – 136.

[9] Feola, Gallatic, Claudia R. Bindera. Exploring Behavioural Change through an Agent – oriented System Dynamics Model: The Use of Personal Protective Equipment among Pesticide Applicators in Colombia [J] . System Dynamics Review, 2012, 28 (1): 69 – 93.

[10] Carpenter, et al. Assessment of Personal Protective Equipment Use among Midwestern Farmers [J] . American Journal of Industrial Medicine, 2002 (42): 236 – 247.

[11] 张翼翾. 对温室中施药者身体各部位的农药暴露水平及影响因素的评估 [J]. 世界农药, 2003 (1): 42 – 45.

[12] 王志刚, 吕冰. 蔬菜出口产地的农药使用行为及其对农民健康的影响——来自山东省莱阳、莱州和安丘三市的调研证据 [J]. 中国软科学, 2009 (11): 72 – 80.

[13] 张新民. 有机农业生产的环境效益——基于农户认知角度的实证分析 [J]. 软科学, 2011 (7): 92 – 95.

[14] 华春林, 陆迁, 姜雅莉等. 农户参与农业面源污染防治的教育培训项目影响因素分析 [J]. 软科学, 2013 (4): 94 – 98.

第五章　农药暴露行为的深层原因分析

——风险偏好还是外部信息失效[①]

摘要： 农民长期暴露在农药环境中，或者他们在使用农药时直接接触农药，或者在没有过安全期就直接进入农地而接触到农药残留，由此也引发了健康风险问题。对此，一部分学者认为，农民的农药暴露可能是受农民风险偏好所驱动的行为；另一部分学者认为，农民关于自身农药暴露的信息是非常有限的，这也正是农民长期暴露于农药环境中的根本原因。而本书则是从农户行为角度着手，运用广东省169个菜农的实地调研数据，通过个人保护装备使用情况来判断农民的农药暴露程度，在此基础上构建有序回归模型，计量分析了风险偏好、外部信息失效和个人特征对农药暴露行为的影响作用，并对农民农药信息失效的原因进行研究。研究发现：广东农民整体存有较高程度的农药暴露现象；在控制农民的年龄、受教育程度和性别后，影响农民农药暴露行为的显著因素是“外部信息失效”，而不是“风险偏好”，即相较于农药信息来自自身经验的农民，最有用的农药信息是来自外部信息的农民在施用农药时穿戴全套保护装备的概率更低；农药零售商为了追求利益最大化而向农民提供不完全或者不对称的农药信息，这也正是农民外部农药信息失效以及高程度农药暴露行为的主要原因。结论表明，为推进农药信息普及工作，降低农民的农药暴露程度，应做到：第一，加强对农药零售商的培训、管理和监督，优化市场环境，引导农药零售商向农民提供完全、对称、准确的农药信息；第二，进一步强化农技站、植保站和农业学校等相关部门的农药信息服务

① 蔡键. 风险偏好、外部信息失效与农药暴露行为［J］. 中国人口·资源与环境，2014（9）.

功能。

关键词：农药暴露；风险偏好；农药信息；信息渠道

第一节 问题提出

农药是农业中用于消灭病虫害的主要手段，虽然其在农业领域的引入与使用，大大提高了农作物产量和生产率，但不断增加的农药使用也导致了有毒化学物质的释放，污染了环境（Jones et al.，2009；Wilson and Tisdell，2001）。农药已经被认为是环境中最具毒性的传播物之一，农药对许多非目标对象造成严重的负面影响，并引发农民的农药暴露问题（Rull and Ritz，2003）。所谓农药暴露，就是农业工人或农民职业性的暴露到农药环境中，可能是在使用农药时直接接触农药，或在没有过安全期时进入农地而接触到残留在作物中的农药（Blanco - Muñoz and Lacasaña，2011）。大部分文献都认为，农场工人和农民的健康风险问题，主要来自农药暴露与农药使用（Parrott et al.，1999；Szmedra，1999）。农药暴露对健康的影响作用可能是立即的，包括皮疹、头痛、恶心和呕吐、定向障碍、休克、昏迷、呼吸衰竭，甚至死亡；农药暴露对健康的影响也可能是长期的，如癌症、神经和生殖问题（Arcury et al.，2002；Tilson，1998）。另外，还有许多不太常见的疾病都被怀疑是由农药暴露引起的，包括帕金森病和出生缺陷等（Rull and Ritz，2003）。令人担忧的是，相较于发达国家，发展中国家的农药暴露问题更为严重。因为发达国家有着健全的消费者保护法律、严格的农药法律和药品审批程序，这些制度安排使发达国家的农民更加了解市场上的农药和当需要时容易寻求法律赔偿。相反，上述大多数制度在发展中国家是缺失的（Jones et al.，2009）。因而最近20年，人们越来越关注发展中国家的农药暴露问题。

对此，有学者提出农民在施用农药过程中可以通过正确使用个人防护装备（PPE）来降低农药暴露程度，然而发展中国家（包括中国）的农民却较少使用保护装备，用手直接施用农药是常见的现象（Coffman et al.，2009；Murphy et al. , 1999)。那么，究竟是什么原因导致了农民的农药暴露行为？大量的研究表明，农民的风险偏好在他们的农业生产行为中发挥着巨大的作用（Liu and Huang，2013）。有学者提出，农民的风险厌恶程度与采纳抗虫棉的决策密切相关（Liu，2013）；也有学者认为，农民的风险偏好显著影响他们的信贷决策行为（王瑜和应瑞瑶，2007；许承明和张建军，2012）；另外还有学者提出，农药施用行为与农民风险偏好有关（黄季焜等，2008）。可见，农民的风险偏好与态度对于其追求利益最大化的行为决策具有重要的影响作用（Liu，2013；Humphrey and Verschoor，2004；Bontems and Thomas，2006），发展中国家农民的农药暴露可能是受农民风险偏好所驱动的行为。

另外，农民一般是自我雇佣的，他们关于自身农药暴露的信息非常有限（Hoppin et al. , 2002），而信息是农民在决策过程中减小不确定性的主要因素（Quiroga et al. , 2011），信息的获取和学习将有助于农民应对各种风险行为（Legesse，2003）。因而，农民的信息有效性与信息渠道，也是影响农民应对风险、做出决策的主要因素。有学者提出，农民过量施用农药可能与从出售农药的农业技术推广部门得到的信息有关（黄季焜等，2008）；也有学者认为，干旱信息的有效性显著影响农民关于保险购买计划的决策（Quiroga et al. , 2011）；另外也有学者则提出，信息渠道对农民重复购买种子有显著影响作用（赵军等，2007）。由此可见，农民的决策行为，除了受到自身风险偏好的影响之外，还可能受到外部信息的影响。对此，有学者提出，必须为农业工人提供农药暴露方面的卫生教育与培训，降低他们对农药暴露的认知偏差，从而提高他们获得相关信息的可信度与有效性（Parrott et al. , 1999）。

那么，中国农民的农药暴露行为究竟如何？农民的农药暴露行为到底是因为自身的风险偏好所形成的决策，还是由于外部信息失效所导致的，抑或是两者共同的结果？探讨这些问题将有助于更好地理解中国农民的农药暴露行为，并为规范农民用药行为和降低农民健康风险提供有效对策和建议。

第二节　农民的农药暴露情况

一、样本数据说明

本研究旨在探讨农民农药暴露行为的主要影响因素，因而样本必须是大量使用农药的农民，对此本研究选择广东的菜农作为调查对象。本次调查总共发放了274份问卷，收回问卷203份，其中有效问卷169份，有效回收率达到83.25%。样本分布情况如表5－1所示。

表5－1　样本分布情况

区域 \ 类别	区（县）	回收问卷数（份）	有效问卷数（份）	有效回收率（%）
珠三角	白云	18	15	83.33
	增城	20	16	80.00
	博罗	31	26	83.87
粤北	阳山	31	31	100.00
粤西	电白	18	14	77.78
	阳春	26	21	80.77
粤东	揭东	24	20	83.33
	海丰	10	6	60.00
	普宁	25	20	80.00
合计		203	169	83.25

二、农药暴露程度

农民个人保护装备（手套、口罩、雨鞋和全套雨衣等）是降低农民农药暴露的有效措施，因而可通过对农民施用农药时个人保护装备的使用情况来判断农民的农药暴露程度。对此，本研究在调查问卷中设置了相关的问题，调查结果如表 5 –2 所示。

表 5 –2　农民的农药暴露情况

类别 性别	没有装备		手套或者口罩		手套和口罩		手套、口罩和雨鞋		全套雨衣	
	人数（人）	比例（%）	人数（人）	比例（%）	人数（人）	比例（%）	人数（人）	比例（%）	人数（人）	比例（%）
全部农民	122	73. 49	20	12. 05	13	7. 83	9	5. 42	2	1. 20
男性	99	74. 44	13	9. 77	11	8. 27	9	6. 77	1	0. 75
女性	23	69. 70	7	21. 21	2	6. 06	0	0. 00	1	3. 03

资料来源：笔者实地调研（169 个有效样本中有 3 人对本题没有做出明确回答，因而本表的人数加总为 166）。

1. 农民整体的农药暴露程度较为严重

如表 5 –2 所示，在 166 个受访对象中：有 122 个农民（占 73. 49%）在施用农药时没有穿戴任何个人保护装备；有 20 个农民（占 12. 05%）施用农药时仅穿戴了手套或者口罩；有 13 个农民（占 7. 83%）施用农药时同时穿戴手套和口罩；有 9 个农民（占 5. 42%）施用农药时同时戴手套、口罩和雨鞋；有 2 个农民（占 1. 2%）施用农药时穿戴全套雨衣。由此可见，超过 70% 的受访农民在施用农药时没有使用任何个人保护装备，而使用全套个人保护装备的农民也较少（不足 2%），农民具有较高程度的农药暴露现象。

2. 男性农民与女性农民的农药暴露情况有一定的差异

如表 5 –2 所示，在施用农药时仅穿戴手套或者口罩的农民中，男性农民的比例为 9. 77%，女性农民的比例为 21. 21%，两者相差超过 10 个百分点。另外，施用农药时没有穿戴任何保护装备，同时穿戴手套和口罩，同时戴手套、口罩和雨鞋，穿戴全套雨衣四种情况的男女农民比例也存在一定的差异。由此可见，不同个体特征的农民的农药暴露情况可能存在显著的差异。

由广东菜农的调研数据可知，农民整体的农药暴露情况较为严重，农民的农药暴露程度可能因个体特征不同而有所差异。那么农民这种高程度的农药暴露行为，究竟是由农民风险偏好还是由农民所获得的外部信息有效性所决定的？这则需要进一步思考与分析。

第三节　实证分析：外部信息失效导致农药暴露行为

由前文分析可知，农民存在严重的农药暴露行为，这可能是由农民风险偏好所引起的，也有可能是外部信息失效所导致的。对此，则需进一步通过实证分析检验农民农药暴露行为的影响因素。

一、模型设定

如前文所述，本研究以农民施用农药时的个人保护装备使用情况作为农药暴露程度的衡量指标。如表 5－2 所示，个人保护装备使用具体分为由低至高的五种情况，分别代表农药暴露由高至低的五个等级。因而被解释变量（农药暴露程度）属于有序型五分变量，对此可使用有序回归模型（Ordinal Regression）进行实证分析。具体函数类型则是采用有序回归模型中应用最广的 Logit 连接函数。基本模型如公式（5－1）所示。

$$\ln\left(\frac{\pi_{ij}(Y\leqslant j)}{1-\pi_{ij}(Y\leqslant j)}\right)=\ln\left(\frac{\pi_{i1}+\cdots+\pi_{ij}}{\pi_{i(j+1)}+\cdots+\pi_{iJ}}\right)(j=1,\ 2,\ \cdots,\ J-1)$$
$$=\alpha_j-(\beta_1X_{i1}+\cdots+\beta_pX_{ip}) \quad (5-1)$$

通过累加概率可得到累加 Logit 模型，结合被解释量取值个数，可得到本研究的基本计量模型，具体见公式（5－2）、公式（5－3）。

$$\hat{p}_t=\frac{\exp[a_t-(b_1X_{i1}+\cdots+b_pX_{ip})]}{1+\exp[a_t-(b_1X_{i1}+\cdots+b_pX_{ip})]}(t=1,\ 2,\ 3,\ 4) \quad (5-2)$$

$$\hat{p}_5=1-(\hat{p}_1+\hat{p}_2+\hat{p}_3+\hat{p}_4) \quad (5-3)$$

二、变量选取

通过实证分析，旨在检验农药暴露行为是由农民风险偏好引起还是由外部信息失效导致，因而解释变量应该包括能够有效衡量农民风险偏好和农药信息渠道的指标，以及必要的控制变量（见表5－3）。

表5－3　变量及其赋值说明

类别	变量	类型	说明
被解释变量	农药暴露	五分变量	1＝没有穿戴任何保护装备；2＝仅穿戴手套或者口罩；3＝同时穿戴手套和口罩；4＝同时穿戴手套、口罩和雨鞋；5＝穿戴全套雨衣
解释变量	是否购买保险	二分变量	1＝是；0＝否
	最有用的农药信息来源	二分变量	1＝外界信息；0＝自身经验
控制变量	受教育程度	五分变量	1＝小学未毕业；2＝小学；3＝初中；4＝高中或职中；5＝大学及以上
	性别	二分变量	1＝男性；0＝女性
	年龄	连续变量	取值为农民当年的实际年龄

注：在169个样本农民中受教育程度最高的为职中，因而没有样本的受教育程度取值为5。

1. 农民风险偏好

农民的风险偏好与规避情况是农民能否正确评估投入产出风险的重要因素，忽略农民的风险态度可能导致对他们行为的错误理解。影响农民决策行为的并不是风险本身，而是农民对风险的态度。然而，农民的风险偏好或者说风险态度是农民的主观意愿，难以直接衡量，对此本书将用“农民是否购买保险”作为代理变量。之所以使用该指标作为代理变量，原因有二：一是农民对是否购买保险能够客观衡量；二是购买保险农民厌恶风险的表现，即相较于没有购买保险的农民，购买保险的农民更加厌恶风险。尽管“农民是否购买保险”并不是农民风险偏好的直接衡量，但使用该指标能较为明确地将农民划分为风险厌恶程度较高

（购买保险）和较低（不购买保险）的两个群体，而通过研究这两个群体农药暴露行为的差异性，则可间接判断出风险偏好是否显著影响农药暴露行为。

2. 农药信息有效性

信息的获取和学习有助于农民应对各种风险行为，收到正式来源的信息被认为是最值得信赖的（Legesse，2003）。然而，如果由农民自己判断农药信息的有效性，则可能出现判断错误或者过度判断等主观臆断现象，对此本书将用“最有用的农药信息是否来自自身经验以外的其他信息”作为代理变量。如果来自外界的信息对农药暴露程度有正向影响作用，则说明外界农药信息失效，降低了农民对农药暴露的正确认识，反之则可认为外界农药信息有助于减弱农药暴露行为。

3. 控制变量

由男女农民的农药暴露程度差异可知，农民的个性特征可能也会对农药暴露行为产生一定的影响作用，因而本研究将性别、年龄和受教育程度等农民个性特征因素列为控制变量。

三、模型估计与结果诠释

对样本数据及上述模型（多元有序 Logistic）进行回归拟合，拟合结果如表 5 –4 所示。

表 5 –4　农药暴露行为模型拟合及估计结果

		估计	标准误	显著性	95% 置信区间	
					下限	上限
阈值	[农药暴露 =1.00]	–1.379	1.514	0.362	–4.346	1.588
	[农药暴露 =2.00]	–0.528	1.509	0.727	–3.485	2.430
	[农药暴露 =3.00]	0.407	1.517	0.788	–2.566	3.381
	[农药暴露 =4.00]	2.200	1.642	0.180	–1.018	5.418

续表

		估计	标准误	显著性	95%置信区间	
					下限	上限
位置	保险	-0.305	0.441	0.490	-1.168	0.559
	外部信息	-0.868**	0.382	0.023	-1.616	-0.120
	性别	-0.103	0.480	0.831	-1.044	0.839
	年龄	-0.064***	0.022	0.004	-0.108	-0.020
	[教育=1.00]	1.553	1.137	0.172	-0.675	3.781
	[教育=2.00]	1.784*	1.076	0.097	-0.325	3.892
	[教育=3.00]	1.538	1.076	0.153	-0.571	3.648
	[教育=4.00]	0	—	—	—	—
-2倍对数似然值		256.360（P=0.006）				
Cox & Snell R^2		0.113				
Nagelkerke R^2		0.136				
McFadden R^2		0.067				

注：“教育=4”为模型的设置的参照值，即β值被设定为“0”，发生比例被设定为“1”，因而没有估计结果。

资料来源：SPSS 17.0分析结果（其中***、**、*分别表示1%、5%、10%的置信水平）。

由表5-4可知，在两个解释变量中，只有“外部信息”通过模型的显著性检验，“是否购买保险”没有通过显著性检验；在三个控制变量中，“年龄”通过了显著性检验，“受教育程度”部分通过显著性检验，“性别”没有通过显著性检验。

1. 解释变量回归结果诠释

（1）变量“外部信息”通过5%的显著性检验，回归系数为-0.868，由关系式 $OR=e^{\beta}$ 可知，该因素的比例优势系数小于1。表明相较于农药信息来自自身经验的农民，最有用的农药信息是来自外部信息的农民在施用农药时穿戴全套保护装备的概率更低。结合本书代理变量的内涵，该回归结果的含义是：依赖外部信息的农民具有高程度的农药暴露现象的概率高于依赖自我经验的农民。由此可以判断，农民在农药方面的外部信息失效，从而导致了部分农民的高程度农药暴露行为。

（2）变量“是否购买保险”没有通过显著性检验，表明购买保险与没有购买保险的农民，在施用农药时个人保护装备的使用情况并不存在显著的差异。结合本研究代理变量的内涵，该结果的含义是：风险厌恶程度的高低并不是影响农民农药暴露行为的显著因素。其原因可能是：对于农民而言，他们并不将农药暴露视为一种风险行为，因而他们在选择该行为时并不受自身风险偏好的影响。这也从侧面验证了外部信息失效是农药暴露行为的主要原因，由于外部信息失效，导致农民低估农药暴露的危害作用，从而将其视为一种非风险或者低风险行为，最终也导致农民的风险偏好不对农药暴露行为产生显著影响作用。

2. 控制变量回归结果诠释

（1）“年龄”通过1%的显著性检验，回归系数为 -0.064，由关系式 $OR=e^{\beta}$ 可知，该因素的比例优势系数小于1。表明年龄越大的农民，越可能在施用农药时没有穿戴任何保护装备。结合本研究代理变量的内涵，该回归结果的含义是：年龄越大的农民，具有高程度农药暴露现象的概率越大。

（2）在“受教育程度”中，仅有“受教育程度为小学”的样本通过10%的显著性检验，回归系数为1.784，由关系式 $OR=e^{\beta}$ 可知，该因素的比例优势系数大于1。表明与受教育程度为高中或中专的农民相比，受教育程度为小学的农民施用农药时穿戴全套装备的概率增大。

（3）“性别”没有通过显著性检验，表明性别并非影响农民农药暴露行为的显著因素。

综上所述，在控制了农民的年龄、受教育程度和性别后，影响农民农药暴露行为的显著因素是“外部信息”，而不是“是否购买保险”。由本研究代理变量的内涵可知，这意味着现阶段农民的农药暴露行为是由外部信息失效所引起的，而并非农民自身的风险偏好所导致的。

第四节　外部信息失效原因分析

由前文分析可知，农民严重的农药暴露现象，并非农民风险偏好所引起，而是外部信息失效所导致。那么，农民的外部信息主要来自哪些渠道，这些信息失效的原因又是什么？

一、信息渠道

探讨农民外部信息失效的原因，必须先了解农民信息的主要渠道，在问卷中设置以下两个相关问题："农药信息的主要来源渠道包括哪些？"和"其中最有用的信息是来自哪一个渠道？"。调查结果如表 5－5 和表 5－6 所示。

如表 5－5 所示，对于农民而言，主要的农药信息渠道有四种，由高至低分别为："农药零售店""农民自己的经验""其他农民或邻居的推荐""农技站、植保站或农业学校"。其中，选择"农药零售店"为主要信息渠道的农民有 157 人，占比高达 92.90%；选择"农民自己的经验"为主要信息渠道的农民有 137 人，占比为 81.07%；选择"其他农民或邻居的推荐"为主要信息渠道的农民有 96 人，占比为 56.80%；选择"农技站、植保站或农业学校"为主要信息渠道的农民有 28 人，占比为 16.57%。而将另外十一种渠道视为主要农药信息来源的农民都不足 10%。

表 5－5　农民农药信息的来源渠道

农药信息来源	人数（人）	比例（%）
电视上的农业节目	6	3.55
电视上的农药广告	10	5.92
广播上的农药节目	4	2.37
广播上的农药广告	4	2.37

续表

农药信息来源	人数（人）	比例（%）
其他农民或邻居的推荐	96	56.80
农药零售店	157	92.90
农技站、植保站或农业学校	28	16.57
报纸、杂志广告	5	2.96
农药生产厂家组织的农民会议	0	0.00
示范试验	6	3.55
农药生产厂家的宣传单、邮寄广告	4	2.37
贴在墙上的海报	7	4.14
厂家销售代表的推广宣传、技术指导	12	7.10
互联网	2	1.18
农民自己的经验	137	81.07

资料来源：笔者实地调研。

如表5-6所示，在十五种信息渠道中，有七种分别被不同农民选为最有用的农药信息渠道。而这七种信息渠道中，“农药零售店”被农民选中的频次最高，有84人，占比为49.7%的农民将其选为最有用的农药信息渠道；选中频次第二高的是“农民自己的经验”，有61人，占比为36.09%将其选为最有用的农药信息渠道。“其他农民或邻居的推荐”“农技站、植保站或农业学校”“电视上的农药广告”“广播上的农药广告”和“报纸、杂志广告”都仅有不足10%的农民将其选为最有用的农药信息渠道，比例分别为：7.69%、4.73%、0.59%、0.59%和0.59%。

表5-6　最有用的农药信息渠道

农药信息来源	人数（人）	比例（%）
电视上的农药广告	1	0.59
广播上的农药广告	1	0.59

续表

农药信息来源	人数（人）	比例（%）
其他农民或邻居的推荐	13	7.69
农药零售店	84	49.70
农技站、植保站或农业学校	8	4.73
报纸、杂志广告	1	0.59
农民自己的经验	61	36.09

资料来源：笔者实地调研。

二、信息失效原因

如前文所述，农民外部农药信息存在失效的现象，进而导致了农民的农药暴露行为。而由农民信息渠道分析可知，“农药零售店”是农民最主要和最有用的信息渠道，超过90%的农民将“农药零售店”视为主要的农药信息渠道，接近50%的农民将“农药零售店”选为最有用的信息渠道。由此可见，“农药零售店”在销售农药过程中也为农民提供了一定的农药信息，但他们提供的并非完全或者对称的有效信息。本书认为，之所以农药零售店会提供不完全或者不对称的信息，主要原因在于：第一，农药零售店是追求利益最大化的经济主体，他们在销售农药过程中会过分强调农药的优点及正面作用（如杀虫效果、低毒性等），并故意弱化农药的负面影响（如对环境的污染、对农民健康的危害等），从而提高农民对农药的认可程度，增加农药销量；第二，目前中国的农药零售市场环境较差、监管力度不足，从而导致零售商对农药缺乏全面的认知，进而影响他们提供信息的准确性和有效性。这也正是现阶段农民外部农药信息失效，造成高程度的农药暴露行为的主要原因。

第五节　结论与政策含义

基于以上分析，本研究得到如下结论

（1）广东农民整体存在严重的农药暴露现象。

（2）实证分析发现，在控制农民的年龄、受教育程度和性别后，影响农民农药暴露行为的显著因素是“外部信息”，而不是“是否购买保险”。即风险偏好并不影响农药暴露行为，外部信息失效才是农药暴露的主要原因。

（3）“农药零售店”是农民最主要和最有用的信息渠道，追求利益最大化的农药零售店为了提高农民对农药的认可、增加农药销量，向农民提供不完全或者不对称的农药信息，由此也造成现阶段农民外部农药信息失效以及高程度的农药暴露现象。

基于以上结论，本书认为，可以通过如下两个方面的工作来推进农药信息普及和降低农民的农药暴露行为：

（1）加强对农药零售店（商）的培训、管理和监督，优化市场环境，引导农药零售店（商）向农民提供完全、对称、准确的农药信息。由前文分析可知，农民从农药零售店获得不完全或不对称的信息是现阶段农民高程度农药暴露行为的主要原因。因而，一方面，相关部门应该加强对农药零售店（商）的培训，提高他们对农药的认识程度；另一方面，则应该优化市场环境，加强对农药零售店（商）的管理与监督，确保农民在购买农药过程中能够获得准确、对称、完全的农药信息。

（2）进一步强化农技站、植保站或农业学校等相关部门的农药信息服务功能。由前文分析可知，外部信息失效是农民农药暴露行为的显著影响因素，而农民的农药信息渠道主要有“农药零售店”“农民自己的经验”“其他农民或邻居的推荐”和“农技站、植保站或农业学校”，其中属于外部正式信息渠道的“农技站、植保站或农业学校”仅得到16.57%农民的认可。这说明能够客观提供有效以及对称的农药信息的农技站、植保站和农业学校等部门的信息服务工作并未在农村全面开展。因而必须进一步强化农技站、植保站或农业学校等相关部门的农药信息服务功能，进而保证农民获得有效的农药信息，从而降低农药暴露行为。

参考文献

[1] Jones E, Mabota A, Larson D W. Farmers' Knowledge of Health Risks and Protective Gear Associated with Pesticide Use on Cotton in Mozambique [J]. The Journal of Developing Areas, 2009, 42 (2): 267 – 282.

[2] Wilson C, Tisdell C. Why Farmers Continue to Use Pesticides Despite Environmental, Health and Sustainability Costs [J]. Ecological Economics, 2001 (39): 449 – 462.

[3] Rull R A, Ritz B. Historical Pesticide Exposure in California Using Pesticide Use Reports and Land – Use Surveys: An Assessment of Misclassification Error and Bias [J]. Environmental Health Perspectives, 2003, 111 (13): 1582 – 1589.

[4] Blanco – Muñoz J, Lacasaña M. Practices in Pesticide Handling and the Use of Personal Protective Equipment in Mexican Agricultural Workers [J]. Journal of Agromedicine, 2011 (16): 117 – 126.

[5] Parrott R, Wilson K, Buttram C, et al. Migrant Farm Workers' Access to Pesticide Protection and Information: Cultivando Buenos Habitos Campaign Development [J]. Journal of Health Communication, 1999, 4 (1): 49 – 64.

[6] Szmedra P. The Health Impacts of Pesticide Use on Sugarcane Farmers in Fiji [J]. Asia – Pacific Journal of Public Health, 1999, 11 (2): 82 – 88.

[7] Arcury T A, Quandt S A, Russell G B. Pesticide Safety among Farmworkers: Perceived Risk and Perceived Control as Factors Reflecting Environmental Justice [J]. Environmental Health Perspectives, 2002, 110 (2): 233 – 240.

[8] Tilson H A. Developmental Neurotoxicology of Endocrine Disruptors and Pesticides: Identification of Information Gaps and Research Needs [J]. Environmental Health Perspectives, 1998 (1063): 807 – 811.

[9] Coffman C W, Stone J F, Slocum A C, et al. Use of Engineering Controls and Personal Protective Equipment by Certified Pesticide Applicators [J]. Journal of

Agricultural Safety and Health, 2009, 15 (4): 311 -326.

[10] Murphy H H, Sanusi A, Dilts R, et al. Health Effects of Pesticide Use among Indonesian Women Farmers [J]. Journal of Agromedicine, 1999, 6 (3): 61 -85.

[11] Liu E M, Huang J K. Risk Preferences and Pesticide Use by Cotton Farmers in China [J]. Journal of Development Economics, 2013 (103): 202 -215.

[12] Liu E M. Time to Change What to Sow: Risk Preferences and Technology Adoption Decisions of Cotton Farmers in China [J]. Review of Economics and Statistics, 2013, 95 (4): 1386 -1403.

[13] Humphrey S J, Verschoor A. Decision - Making under Risk among Small Farmers in East Uganda [J]. Journal of African Economies, 2004, 13 (1): 44 -101.

[14] Bontems P, Thomas A. Regulating Nitrogen Pollution with Risk Averse Farmers under Hidden Information and Moral Hazard [J]. American Journal of Agricultural Economics, 2006, 88 (1): 57 -72.

[15] Hoppin J A, Yucel F, Dosemeci M, et al. Accuracy of Self - Reported Pesticide Use Duration Information from Licensed Pesticide Applicators in the Agricultural Health Study [J]. Journal of Exposure Analysis and Environmental Epidemiology, 2002, 12 (5): 313 -318.

[16] Quiroga S, Garrote L, Fernandez - Haddad Z, et al. Valuing Drought Information for Irrigation Farmers: Potential Development of a Hydrological Risk Insurance in Spain [J]. Spanish Journal of Agricultural Research, 2011, 9 (4): 1059 -1075.

[17] Legesse B. Risk, Risk Information and Eventual Learning of Smallholder Farmers in Eastern Ethiopia [J]. Ecosystems and Sustainable Development, 2003, 18 -19: 1067 -1077.

[18] 王瑜，应瑞瑶．契约选择和生产者质量控制行为研究——基于农户风险偏好视角 [J]．经济问题，2007 (9): 85 -87.

[19] 许承明，张建军．社会资本、异质性风险偏好影响农户信贷与保险互联选择研究 [J]．财贸经济，2012 (12): 63 -70.

[20] 黄季焜，齐亮，陈瑞剑．技术信息知识、风险偏好与农民施用农药

［J］．管理世界，2008（5）：71－76.

［21］赵军，杨波，李艳军．信息服务获取渠道对农户重复购种行为的影响分析［J］．农业科技管理，2007（5）：53－55.

第六章　农户的农药包装废弃物处置行为及其回收可行性[①]

摘要：农药包装废弃物是农村的主要污染源之一。调查发现，大部分农民通过“顺手丢弃”的方式来处置农药包装废弃物，这会导致农药残留扩散，引发环境污染问题。对此，有效并且可行的解决途径是在农村开展农药包装废弃物回收工作。

关键词：农药；包装废弃物；处置；回收；启示

第一节　问题提出

农药是世界各国（尤其是发展中国家）广泛使用的农业生产要素，因为大部分国家都认为农药是保证不断增长的全球人口有足够食物的必要元素（Vanvimol Patarasiriwong et al.，2012）。然而，农药在促进农业增产、保证农作物质量的同时，也带来许多负面影响，农药包装废弃物的环境污染便是其中一个主要问题。所谓农药包装废弃物，是指被禁止使用但仍有库存的农药、过期失效的农药、假劣农药、农药施用后剩余的残液、盛装农药容器的冲洗液、农药包装物

① 蔡键，左两军．农药包装废弃物处置现状、回收可行性及其启示：来自广东的证据［J］．南方农村，2014（7）．

（瓶、桶、袋）、被农药污染的外包装物或其他物品（宋欢等，2012）。

早在 1975 年，学者 T. E. Archer 就提出，已经使用过的农药包装废弃物所附带的残留农药，是一个严重的环境污染问题，而 S. Malato 等（2000）也认为，仍然含有部分农药残留的空农药塑料瓶是农药污染的主要问题之一。因为不恰当地处置农药包装废弃物将导致空气、地表水和地下水等自然资源受到污染（M. Ademola Omishakin，1994）。对此，学者普遍认为，对农药包装废弃物进行收回和循环利用，是解决该问题的最佳办法（S. Malato et al.，2000；宋欢等，2012；汪建沃，2013）。

在中国，农药废弃物也已经成为农村社区发展的一大难题，它们制约着农业现代化发展以及资源节约型、环境友好型社会建设（黄泽宇等，2013）。据有关资料显示，目前中国每年农药制剂需求总量 250 万吨左右，每年产生的农药包装废弃物以容量为 250 毫升计，超过 100 亿单位（汪建沃，2013）。那么，中国的农业生产者（农民）究竟是如何处置农药包装废弃物的呢？在中国农村开展农药包装废弃物回收工作是否具有可行性？探讨这些问题将有助于更好地理解中国农药包装废弃物的污染情况，并为减少农药废弃物污染、促进农药包装废弃物回收利用提供有效对策和建议。

第二节　农药包装废弃物处置现状及其环境污染分析

一、样本数据说明

本研究旨在探讨农业生产者（农民）的农药包装废弃物处置现状时，因而样本必须是大量使用农药的农户，对此本研究选择广东的菜农作为调查对象。为保证样本数据的广泛性和代表性，研究团队根据各地蔬菜种植规模及经济发达程度情况，分别在粤东、粤西、珠三角和粤北选取了一定的县（区），作为一级单元，并在每个一级单元中随机抽取 30（或 31）名农户作为样本。本次调查总共发放了274份问卷，收回问卷203份，其中有效问卷169份，有效回收率达到83.25%。

二、受访农民的农药包装废弃物处置现状

通过入户调查和访谈发现，现阶段广东农村的农药包装废弃物主要有三种：塑料袋、塑料瓶和玻璃瓶。而农民对这三种农药废弃物的处置方式则有五种：第一，顺手丢弃；第二，扔垃圾场；第三，烧毁；第四，卖给废品站；第五，洗涤后使用。具体如表6－1所示。

表6－1　广东菜农的农药包装废弃物处置方式

类别 / 处置方式	塑料袋		塑料瓶		玻璃瓶	
	频次	比例（%）	频次	比例（%）	频次	比例（%）
顺手丢弃	121	71.60	91	53.85	89	52.66
扔垃圾场	29	17.16	30	17.75	47	27.81
烧毁	8	4.73	4	2.37	3	1.78
卖给废品站	7	4.14	37	21.89	20	11.83
洗涤后使用	3	1.78	5	2.96	7	4.14
其他（或没有作答）	1	0.59	2	1.18	3	1.78

1. 农药包装废弃物中塑料袋的处置方式

由表6－1可知，“顺手丢弃”是菜农最常用的处理农药包装塑料袋的方式，在169个菜农中有121人，占比71.60%选择了这种处置方式。“扔垃圾场”是菜农处置农药包装塑料袋的第二常用方式，在169个菜农中有29人，占比17.16%选择了这种处置方式。选择通过“烧毁”“卖给废品站”或“洗涤后使用”等方式来处置农药包装塑料袋的菜农不多，分别为8人、7人和3人，占比分别为4.73%、4.14%和1.78%。另外，有1名菜农，占比为0.59%选择了其他处置方式。

2. 农药包装废弃物中塑料瓶的处置方式

由表6-1可知，"顺手丢弃"依然是菜农最常用的处置农药包装塑料瓶的方式，在169个菜农中，有91人，占比为53.85%选择了"顺手丢弃"。第二常用和第三常用的农药包装塑料瓶处置方式分别是"卖给废品站"和"扔垃圾场"；在169个菜农中有37人，占比为21.89%选择了"卖给废品站"；有30人，占比为17.75%选择了"扔垃圾场"。选择通过"烧毁""洗涤后使用"等方式来处置农药包装塑料瓶的菜农不多，分别为4人和5人，占比分别为2.37%和2.96%。另外，有2名菜农（占比为1.18%）选择了其他处置方式。

3. 农药包装废弃物中玻璃瓶的处置方式

由表6-1可知，菜农关于农药包装玻璃瓶的处置方式与农药包装塑料瓶的处置方式较为相似。最常用的方式有三种："顺手丢弃""扔垃圾场"和"卖给废品站"，在169个菜农中，分别有89人选择了"顺手丢弃"，47人选择了"扔垃圾场"，20人选择了"卖给废品站"，比例依次为52.66%、27.81%和11.83%。而选择通过"烧毁""洗涤后使用"等方式来处置农药包装玻璃瓶的菜农不多，分别为3人和7人，占比分别为1.78%和4.14%。另外，有3名菜农（占比为1.78%）选择了其他处置方式。

三、农药包装废弃物的环境污染

由广东菜农的调研数据可知，不管是农药包装废弃物中的塑料袋、塑料瓶还是玻璃瓶，广东菜农最常用的方式有两种（"顺手丢弃"和"扔垃圾场"），而"顺手丢弃"是最常用的方式，对环境具有严重的危害性。

1. 顺手丢弃

菜农最常用的处置农药包装废弃物的方式是"顺手丢弃"，而这恰恰是对环境危害最为严重的处置方式。超过一半的菜农将农药包装废弃物顺手丢弃于路边、田边或者湖泊池塘中，这些看似"空"的包装废弃物如未经过专业处理，将存有大量的农药残留，而"顺手丢弃"的处置方式则将导致农药残留不断扩散，最终导致土地污染、水污染、空气污染等严重问题。

2. 扔垃圾场

菜农第二常用的处置农药包装废弃物的方式是“扔垃圾场”，这也将促使农药残留的小范围扩散，导致环境污染问题。相较于“顺手丢弃”的处置方式，虽然这种方式的危害程度相对较小，但是也会引发环境污染问题。因为大部分垃圾场（尤其是农村垃圾场）的垃圾处理缺乏规范性和时效性，经常出现垃圾场长期不清理或者垃圾未分类就统一焚烧的情况。而被扔在垃圾场的农药包装废弃物则可能由于长期不清理或者直接焚烧而出现农药残留扩散、污染环境等问题。

另外，通过调研可知，也有部分菜农选择了通过“卖给废品站”的方式来处置农药包装废弃物，这在一定程度上说明，已有部分菜农意识到自行处理农药包装废弃物的危害性，他们希望通过专业途径来处理农药包装废弃物。

第三节　农药包装废弃物回收的可行性

由前文分析可知，虽然现阶段大部分农民处理农药包装废弃物的方式容易造成农药残留扩散，形成环境污染问题，但也有部分农民已经意识到这种危害性，希望通过专业途径来处理农药包装废弃物。而回收处理又是解决农药包装废弃物环境污染问题的最有效措施，那么在农村开展农药包装废弃物回收工作是具有可行性？对此，则需了解农民在此方面的态度。

为了明确农药包装废弃物回收工作的可行性，研究团队在问卷中设置了相关问题“您认为是否有必要对农药废弃物进行回收吗?”旨在了解农民是否支持该工作。调查结果如表 6－2 所示。

表 6－2　广东菜农的农药包装废弃物回收态度

您认为是否有必要对农药废弃物进行回收	人数（人）	比例（%）
完全没必要	23	13.61

续表

您认为是否有必要对农药废弃物进行回收	人数（人）	比例（%）
必要性很低	32	18.93
有一定的必要性	44	26.04
很有必要	40	23.67
必要性非常高	30	17.75

第一，仅有三成的菜农认为农药包装废弃物回收完全没有必要或者必要性很低。由表6－2可知，在169个菜农中，仅有23人，占比13.61%认为，进行农药包装废弃物回收完全没有必要；而认为必要性很低的菜农也只有32人，占比18.93%。由此可见，大约有32%的菜农并不支持农药包装废弃物回收工作。

第二，接近七成的菜农支持农药包装废弃物回收工作。由表6－2可知，认为农药包装废弃物回收有一定必要性、很有必要和必要性很高的菜农分别为44人、40人和30人，占比依次为26.04%、23.67%和17.75%。由此可见，在农村开展农药包装废弃物回收工作，将得到近七成农民的支持，并且有四成的农民认为此项工作很有必要或者必要性非常高。

综上所述，在广东农村开展农药包装废弃物回收工作，具有一定的可行性，该工作将得到70%的农民的认可，并且有40%的农民将大力支持该工作。

第四节　政策性启示

农药包装废弃物是目前农村的主要污染源之一。

由前文分析可知，“顺手丢弃”是目前广东省菜农处置农药包装废弃物最常用的方式，这容易导致农药残留扩散，造成环境污染问题，而回收处理正是解决该问题的有效途径。通过进一步调查发现，有接近70%的菜农表示实施回收处理具有必要性，这表明在农村开展农药包装废弃物回收处理工作具有一定的可行性。因而，为降低农药包装废弃物污染程度，推动农药废弃物回收工作的有效开展，相关部门应做到：

（1）及时在农村开展农药知识培训和教育工作。规范农民对农药包装废弃物的处置行为。由前文分析可知，大部分农民采用“顺手丢弃”的方式处置农药包装废弃物，这也是造成农药残留污染环境的主要原因。对此，相关部门应该定期在农村开展农药知识的培训和教育工作，提高农民对农药认知程度，让农民清楚顺手丢弃农药包装废弃物的危害程度，从而促使农民采用更为恰当的方式处置农药包装废弃物。

（2）由村委会牵头开展农药包装废弃物回收及其宣传工作。由前文分析可知，尽管在农村开展农药包装废弃物回收工作能得到大多数农民的认可，具有一定的可行性。但由于中国以小农为主，农民较为分散，回收成本较高，农药零售店等经济主体都不愿承担该工作。因而，村一级政府应该主动承担该工作，在村内部设立固定的农药包装废弃物回收点，并通过各种媒介进行宣传，鼓励每个农民都参与到农药包装废弃物回收工作中。

参考文献

［1］Archer T E. Removal of 2，4 – Dichlorophenoxyacetic Acid（2，4 – D）Formulations from Noncombustible Pesticide Containers［J］. Bulletin of Environmental Contamination and Toxicology，1975，13（1）：44 – 51.

［2］Omishakin M A. A Survey of Pesticides Containers Management among African – American Agricultural Workers in Mid – Delta of Mississippi，Usa［J］. The Journal of the Royal Society for the Promotion of Health，1994：81 – 82.

［3］Malato S，Blanco J，Maldonado M I，et al. Optimising Solar Photocatalytic Mineralisation of Pesticides by Adding Inorganic Oxidising Species；Application to the Recycling of Pesticide Containers［J］. Applied Catalysis B：Environmental，2000（28）：163 – 174.

［4］Patarasiriwong V，Wongpan P，Korpraditskul R，et al. Pesticide Distribution in Pesticide Packaging Waste Chain of Thailand［C］. Pattaya（Thailand），2012.

［5］汪建沃．我国将建立农药容器回收制度［J］．农药市场信息，2013（4）：12.

［6］黄泽宇，袁国轩，宗高旭等．我国农药废弃物管理改革方向探索——基于对国外管理模式的类型化比较研究［J］．农业经济问题，2013（1）：104－109.

［7］宋欢，胡浩民，郑少雄．以供销社为主体的广东农药废弃物回收新体系构建［J］．广东农业科学，2012（10）：207－209.

第七章　农户的农药包装废弃物回收行为及其决定因素①

摘要：回收处理是解决农药包装废弃物污染的有效办法。基于此，本章从农户角度对农药包装废弃物的处理现状、回收支持态度以及回收模式选择进行了研究。研究结论表明："顺手丢弃"和"扔垃圾场"是目前中国农民处理农药包装废弃物最常用的两种方式；超过90%的农民在态度上表示支持农药包装废弃物回收工作，他们的态度主要受到农药认知水平的影响；短期内应以政府主导型回收模式为主，长期则应该根据农户的农药认知和回收态度情况，逐步建立农药包装废弃物回收市场。

关键词：农药包装废弃物；回收；态度；模式

第一节　问题提出

在全球食物需求不断增长的背景下，农药常常被认为是刺激农业生产的一个关键要素（Patarasiriwong，2012），因而农药施用量在全球范围内逐年增大。随着农药使用范围的扩大以及使用时间的延长，农药废弃物渐渐成为人类又一个不可忽视的农业生态污染源（《今日农药》，2012）。所谓农药废弃物，是指被禁止

① 蔡键．农药包装废弃物回收：支持态度与模式选择［J］．经济与管理研究，2013（12）．

使用但仍有库存的农药、过期失效的农药、假劣农药、农药施用后剩余的残液、盛装农药容器的冲洗液、农药包装物（瓶、桶、袋）、被农药污染的外包装物或其他物品（宋欢等，2012）。在中国，农药废弃物也制约着农业现代化的发展以及资源节约型、环境友好型社会的建设（黄泽宇等，2013）。在农药废弃物中，包装容器被认为是最主要的污染源之一（Archer，1975），尽管它有助于减小农药渗漏、降低生产者农药暴露的风险以及减小能源消耗，在农药供应链上发挥着重要的作用（Patarasiriwong，2012）。据相关资料记载，中国每年农药制剂需求总量约250万吨，每年产生的农药包装废弃物以容量为250毫升计，超过100亿单位（汪建沃，2013）。

农药包装废弃物以玻璃、含高分子树脂的塑料等材质为主，大都属于不可降解材料，如随意丢弃，将长期存留在环境中，对土壤造成严重的化学污染，进而对环境生物和人类健康产生长期的和潜在的危害（汪建沃，2013）。农药包装废弃物常常直接被丢弃（Malato et al.，2000），但它们却仍含有部分农药残留（Lamberton et al.，1976），而在农药存留中又含有氯化碳氢化合物、有机磷、氨基甲酸盐等危害人类身体健康和环境的有毒物质（Omishakin，1994）。可见，当被认为是“空”的农药包装废弃物得不到恰当的处理时，健康和环境危害问题将随之发生（Omishakin，1994）。

因而，有效地处理农药废弃物，尤其是农药包装废弃物，是中国乃至全球的重要任务。现实中，最常见的处理方式是将农药包装废弃物焚烧或者埋于土中（Kells and Solomon，1995）。但这两种方式却并非最优的方式，露天焚烧使用过的农药包装容器将产生高密度聚乙烯，而将使用过的农药包装容器深埋则将导致农药残留渗入土壤中，两者都将对环境和人类造成危害（Omishakin，1994）。因此美国法律明确规定禁止焚烧农药包装容器，然而在中国，焚烧农药包装容器仍然是一种常见的现象（Gullett et al.，2012）。从长远角度而言，上述处理方式将对土壤和地下水带来一定的污染和威胁，一个可能的解决办法就是将这些农药包装废弃物进行收回，循环利用（Malato et al.，2000）。那么，中国的农业生产者（农民）究竟如何处理农药包装废弃物？他们是否支持或者愿意进行农药包装废弃物回收？他们更愿意通过什么方式进行农药包装废弃物回收？探讨这些问题将有助于更好地理解中国农药包装废弃物的污染情况，并为减少农药废弃物污染、促进农药包装废弃物回收利用提供有效对策和建议。

第二节　农药包装废弃物处理现状

一、样本数据说明

本次调查的主要目的是了解农民的农药包装废弃物处理现状，探析他们的回收意愿与可行的回收模式。因此，受访对象必须是全职农民，并且是长期使用各种农药的农户。一方面，为了保证调研的顺利开展以及样本的数量，研究团队选择了所在省份（广东省）的稻农作为本次调研的目标群体；另一方面，为了保证样本数据的广泛性和代表性，本次调研采取二阶段抽样的方式，首先，根据水稻种植比例，在全省范围内抽取了部分市（县）作为一级单元，再分别从每个市（县）中随机抽取30个农户作为样本。本次调查总共发放问卷330份，其中有效问卷272份，问卷有效率为82.4%。

二、受访农户的农药包装容器处理现状

为了全面了解受访对象的农药包装容器处理现状，首先，研究团队进行了试调研，从而掌握了现阶段农药包装废弃物的种类及主要处理方式。由试调研结果可知，现有农药包装废弃物主要有三大类：塑料袋、塑料瓶和玻璃瓶，现有的处理方式主要有七类：顺手丢弃、扔垃圾场、烧毁、卖给废品站、洗涤后使用、埋于土中或田边和放在指定的回收点。因而在正式调研中，研究团队将农药包装容器和处理方式分别进行了分类，从而得到翔实的数据（见表7－1）。

表7－1　广东稻农农药包装容器的处理方式

类别 处理方式	塑料袋		塑料瓶		玻璃瓶	
	频次	比例（%）	频次	比例（%）	频次	比例（%）
顺手丢弃	198	73.06	166	58.04	169	62.13

续表

处理方式＼类别	塑料袋		塑料瓶		玻璃瓶	
	频次	比例（%）	频次	比例（%）	频次	比例（%）
扔垃圾场	40	14.76	52	18.18	79	29.04
烧毁	11	4.06	4	1.40	3	1.10
卖给废品站	7	2.58	46	16.08	3	1.10
洗涤后使用	2	0.74	5	1.75	5	1.84
埋于土中或田边	13	4.80	13	4.55	12	4.41
放在指定的回收点	0	0.00	0	0.00	1	0.37

注：每个受访对象的处理方式可能都不止一种，因而频次加总不一定等于样本人数（272）。

1. 农药包装塑料袋的处理方式

由表7－1可知，“顺手丢弃”是农户最常用的处理农药塑料袋的方式，其比例高达73.06%；“扔垃圾场”是农户第二常用的处理方式，其比例为14.76%；另外，“烧毁”“卖给废品站”“洗涤后使用”和“埋于土中或田边”都不是常用方式，其比例都未达到5%。而“放在指定的回收点”并未列入受访对象的选择范围，可见农药包装塑料袋的回收工作仍未在中国农村开展。

2. 农药包装塑料瓶的处理方式

由表7－1可知，“顺手丢弃”和“扔垃圾场”依然是农户最常用的两种处理农药塑料瓶的方式，其比例分别为58.04%和18.18%。除此之外，“卖给废品站”也是农户处理农药塑料瓶的第三种常用方式，其比例也达到16.08%。而“烧毁”“洗涤后使用”和“埋于土中或田边”依然不是常用方式，比例均未达到5%。如同处理塑料袋一样，“放在指定的回收点”也并未列入受访对象的选择范围，农药包装塑料瓶的回收工作仍需推广。

3. 农药包装玻璃瓶的处理方式

由表7－1可知，农户关于农药包装玻璃瓶的处理方式与塑料袋的处理方式较为相似。最常用的方式有两种：“顺手丢弃”和“扔垃圾场”，比例分别为

62.13%和29.04%。其他方式如“烧毁”“卖给废品站”“洗涤后使用”“埋于土中或田边”都不是常用方式，比例都未达到5%。较其他两种包装废弃物不同的是，有一位受访农户对玻璃瓶的处理方式是“放在指定的回收点”，尽管比例较低，但至少表明在农药包装废弃物的回收工作并未全面展开的背景下，已经有农民意识到农药包装废弃物回收工作的重要性。

三、小结

由广东稻农的调研数据可知，广东农村的农药包装废弃物包括：塑料袋、塑料瓶和玻璃瓶三大类。不管是哪一种农药包装废弃物，农民第一常用的处理方式都是“顺手丢弃”。而这恰恰是对环境和人类健康危害最大的方式之一，因为农药包装废弃物中的农药残留会在其所丢弃的地方扩散，可能造成土地、水等环境污染以及加大人类农药暴露的可能性，进而危害人类健康。农民第二常用的处理方式则是“扔垃圾场”，虽然这种方式的危害程度不及“顺手丢弃”，但也可能造成农药残留的小范围扩散。

尽管“放在指定的回收点”是最不常用的方式，但仍然有一位受访农户采用这种方式处理农药包装玻璃瓶，这也从一定程度上反映了已经有农民意识到农药包装废弃物回收工作的重要性，支持并参与了农药包装废弃物的回收工作。那么，中国农民究竟是否支持农药包装废弃物的回收工作，他们的态度主要受到什么因素的影响，这则需要进一步研究与思考。

第三节　农药包装废弃物回收：态度与决定因素

通过回收的形式对农药包装废弃物进行专业改良与循环利用，是被认为最环保的处理农药包装废弃物的方式。就中国而言，大部分农药包装废弃物产生于农民，回收工作能否有效开展，关键在于能否得到农民的支持与参与。

一、回收态度

为了进一步考察农民是否支持农药包装废弃物的回收工作，本研究团队也在调查问卷中设置了相关问题，调查结果如图 7－1 所示。

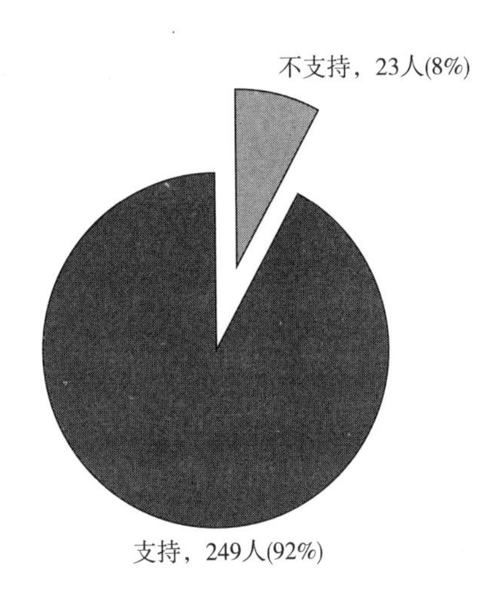

图 7－1　农药包装废弃物回收态度

由图 7－1 可知，在 272 个受访对象中，在态度上支持农药包装废弃物回收的农户有 249 人，比例高达 92%；而不支持回收的农户只有 23 人，比例仅为 8%。可见，尽管仍有小部分农户不支持农药包装废弃物的回收工作，但该方式已经得到大多数农民的认可与支持。

二、影响因素分析

虽然从调研数据来看，农药包装废弃物回收工作已经得到大部分农民的支持，但是农民支持比例能否提高以及支持态度能否长期持续，则需要进一步分析其影响因素，找出关键性的决定因素。

1. 理论分析

农民的态度，即农民对某种事物的看法及认可，这其实是农民认识事物的一个过程，因而可能受到农民自身相关因素、该事物相关因素以及农民所处的社会地位等多方面因素的影响。对此，不同学者的看法可能有所偏差。于长永（2011）认为，应该从农民个体特征、家庭特征、社区特征和地区特征四个层面探讨农民的态度；姚兆余等（2008）则认为，应该从农民的个体特征、村庄特征和事物本身对农民的价值三个方面分析农民的态度。结合不同学者的观点、本研究的重点以及数据的可得性等多方面的信息，本研究将提出如下三类可能影响因素：一是以性别、年龄、受教育程度、农业培训等农民个人因素方面；二是以家庭种植面积、是否租地、家庭劳动力人数、是否雇工等家庭种植因素方面；三是以农药废弃物危害性、农民自我保护等意识因素方面。

2. 实证检验

（1）方法。农民关于农药包装废弃物回收的态度形成是一个复杂的过程，并且可能受到多种因素的影响，但从是否支持农药包装废弃物回收的角度而言，农民的态度可简单分为两类：支持与不支持。可见，农民的态度是一个二分型变量，因而本研究将采用二元逻辑（Logistic）模型对其进行影响因素分析，以期探寻农民农药包装废弃物回收态度的主要决定因素。具体模型如下：

$$\ln\left(\frac{p}{1-p}\right) = \alpha_1 + \sum_{k=1}^{K}\beta_{1k}x_k + e \tag{7-1}$$

其中，p 是农民态度为支持的概率；x 为解释变量；e 为随机误差；α 为常数项；β 为回归系数。

（2）变量说明。如前文所述，农民的回收态度是本研究的被解释变量；影响因素则有农民个人因素、家庭种植因素和农民意识因素三大类。具体的变量及其赋值说明如表 7－2 所示。

表 7－2　变量及其赋值说明

类别	变量	类型	说明
被解释变量	回收态度	二分变量	1＝支持；0＝不支持

续表

类别	变量	类型	说明
解释变量	性别	二分变量	1 = 男性；0 = 女性
	年龄	连续变量	数据取值为农户当年的实际年龄
	受教育程度	分类变量	1 = 小学未毕业；2 = 小学；3 = 初中；4 = 高中或职中；5 = 大学及以上
	培训	分类变量	1 = 近三年有3次或以上培训；2 = 近三年有1次或2次培训；3 = 近三年没有任何培训
	种植面积	连续变量	数据取值为农户当年的实际种植面积
	是否租地	二分变量	1 = 是；0 = 否
	劳动力数量	连续变量	数据取值为农户当年的家庭劳动力数量
	是否雇工	二分变量	1 = 是；0 = 否
	农药危害性认知	分类变量	1 = 没有危害；2 = 危害很小；3 = 有一定危害；4 = 危害较大；5 = 危害非常大
	农民自我保护意识	分类变量	1 = 打药时没有穿戴任何保护装备；2 = 打药时仅穿戴手套或者口罩；3 = 打药时同时穿戴手套和口罩；4 = 打药时同时穿戴手套、口罩和雨鞋；5 = 打药时穿戴全套雨衣

（3）实证结果诠释。本研究利用软件 SPSS 17.0 对样本数据及上述模型（二元逻辑）进行回归拟合，拟合结果如表7－3所示。

表7－3 回收态度模型拟合及估计结果

影响因素＼类别	系数	标准误差	Wald 检验值	显著性	Exp（B）
性别	－0.333	0.542	0.378	0.539	0.717
年龄	0.023	0.027	0.723	0.395	1.023
受教育程度	－0.138	0.290	0.226	0.635	0.871
培训	0.200	0.616	0.105	0.746	1.221
种植面积	0.041	0.081	0.258	0.611	1.042

续表

类别 影响因素	系数	标准误差	Wald 检验值	显著性	Exp（B）
是否租地	0.686	0.668	1.055	0.304	1.986
劳动力数量	0.181	0.352	0.264	0.607	1.198
是否雇工	0.329	0.545	0.365	0.546	1.390
农药危害性认知	1.018***	0.251	16.407	0.000	2.768
农民自我保护意识	-0.162	0.196	0.683	0.409	0.851
常量	-1.914	2.803	0.466	0.495	0.147
-2 倍对数似然值	129.086				
Cox & Snell R^2	0.100				
Nagelkerke R^2	0.227				

资料来源：SPSS 17.0 分析结果（其中***、**、*分别表示1%、5%、10%的置信水平）。

如表7-3所示，从模型整体拟合效果来看，模型拟合后的-2倍对数似然值为129.086，Cox & Snell R^2 值为0.100，Nagelkerke R^2 值为0.227，模型的拟合优度较好。

从变量个体拟合效果来看，在十个变量中，只有变量农药危害性认知通过显著性检验。该变量的回归系数为正数（1.018），表明在其他条件不变的情况下，农民对农药危害性认知越高，其农药废弃物支持意愿越强，反之，支持意愿越弱；发生概率比 Exp（B）值为2.768，表示农民的农药危害性认知程度每增加1个单位，农民支持农药包装废弃物回收的发生比将增加1.768倍。其原因在于：农药危害性的认知就是农民对农药及其危害性认知程度的直接衡量，随着农民对农药认知程度的提升，其越能清楚地认识到农药包装废弃物的风险及回收的收益，因而他们越支持农药包装废弃物回收工作。

三、小结

由上述分析可知，超过90%的农民在态度上支持农药包装废弃物回收，而他们的这种态度主要受到农药认知因素的影响，因而可通过提高农民的农药认知来进一步强化他们对农药包装废弃物回收的支持态度。然而，全面实现农药包装

废弃物回收工作，除了需要农民的态度支持之外，还需要农民的行动支持，因而必须找到一种农民最容易接受的农药包装废弃物回收模式。

第四节 回收模式选择与影响因素

通过分析可知，大部分农民在态度上支持农药包装废弃物的回收工作，因而接下来的工作是寻找一种大部分农民容易接受的农药包装废弃物回收模式。随着农药废弃物污染问题的逐年加重，各国越来越重视对农药废弃物管理模式的探索。当前西方国家关于农药废弃物的处理模式可以划分为市场主导型和政府主导型两种模式，分别以德国的绿点废物回收管理系统和美国的污染治理超级基金制度为代表。就中国而言，到底是市场主导型的模式还是政府主导型的模式更受农民欢迎，其动因又是什么，则需要进一步分析。

一、模式选择

为了明确农民普遍接受的回收模式，本研究结合国外发展现状以及中国国情，将农药废弃物回收模式分为两大层次：政府主导型的回收模式和市场参与型的回收模式。其中，政府主导型回收模式又分为两小类：在田间设回收箱（由村环卫工人上门或者到田间回收）和政府部门（如村委会）在打药高峰期过后宣传组织回收；市场参与型模式则是定义为农民将农药包装废弃物拿到回收网点的农药店，按回收废品的价格进行有偿回收。

调查结果如表 7－4 所示，在 272 个样本农户中，除了 4 名农户没有做出选择之外，有 212 人，占比 79. 10% 的农户更倾向选择政府主导型的农药包装废弃物回收模式；在这 212 名农户中，选择“田间设回收箱”模式的有 140 人，选择“政府部门在打药高峰期过后宣传组织回收”模式的有 72 人。另外有 56 人，占比 20. 90% 的农户选择了“拿到回收网点农药店，按回收废品的价格进行有偿回收”的模式。

表7－4　农药包装废弃物回收模式

模式＼类别	具体形式	样本数（个）	比例（%）
政府主导型	在田间设回收箱（由村环卫工人上门或者到田间回收）	140	52.24
	政府部门（如村委会）在打药高峰期过后宣传组织回收	72	26.87
市场参与型	农民按特定价格拿到回收网点农药店进行有偿回收	56	20.90

资料来源：根据调研数据整理。

由此可见，政府主导型的回收模式，尤其是"在田间设回收箱"模式是农户普通接受认可的回收模式。然而这样的模式选择是否是现阶段农户的最优选择，还是长期可持续的选择？则需要对农药包装废弃物回收模式选择的影响因素进行分析，通过影响因素的变化趋势来做出判断。

二、影响因素分析

回收模式选择如同农户的回收态度一样，可能受到农民个人特征、家庭种植特征和农民意识态度等多种因素的影响，对此可进一步通过实证分析进行检验。

1. 方法和变量

此部分研究的是农民的农药包装废弃物回收模式选择的影响因素，因而以回收模式选择作为被解释变量。考虑到被解释变量为三元无序离散变量，适合采用多元逻辑（Logistic）模型进行回归。具体而言，以出现频率最高的"在田间设回收箱"模式为对照组，定义为 $y=3$；"政府部门在打药高峰期过后宣传组织回收"模式为研究组，定义为 $y=1$；"农民按特定价格拿到回收网点农药店进行有偿回收"模式为研究组，定义为 $y=2$。具体模型如下：

模型一：

$$\ln\frac{p(Z_1)}{p(Z_3)} = \alpha_1 + \sum_{k=1}^{K}\beta_{1k}x_k + e \tag{7-2}$$

模型二：

$$\ln\frac{p(Z_2)}{p(Z_3)} = \alpha_2 + \sum_{k=1}^{K}\beta_{2k}x_k + e \tag{7-3}$$

其中，p 为农民选择某种农药包装废弃物回收模式的概率；Z_1 为“政府部门在打药高峰期过后宣传组织回收”模式；Z_2 为“农民按特定价格拿到回收网点农药店进行有偿回收”模式；Z_3 为“在田间设回收箱”模式；x 为解释变量；e 为随机误差；α 为常数项；β 为回归系数。

另外，解释变量包括上文分析农药回收态度的所有变量（因变量和自变量），具体赋值如表 7－2 所示。

2. 实证结果诠释

本研究利用软件 SPSS 17.0 对样本数据及上述两个模型（多元逻辑）进行回归拟合，拟合结果如表 7－5 所示。

表 7－5　回收模式选择模型拟合及估计结果

	模型一			模型二		
	系数	Wald 检验值	Exp（B）	系数	Wald 检验值	Exp（B）
截距	2.937*	3.497		1.374	0.480	
性别	0.000	0.000	0.999	0.631	2.312	1.879
年龄	－0.047**	4.910	0.954	－0.029	1.709	0.971
农地规模	－0.006	0.125	0.994	－0.193**	4.471	0.825
家庭劳动力	－0.369	2.064	0.692	－0.069	0.064	0.934
是否雇工	－0.314	0.826	0.731	－0.831**	3.829	0.436
支持态度	0.565	0.838	1.759	1.965*	3.164	7.138
是否租地	－0.432	1.324	0.649	－0.873*	3.202	0.418
教育＝1	－0.614	0.866	0.541	－0.619	0.729	0.539
教育＝2	0.031	0.003	1.031	－0.653	1.127	0.520
教育＝3	－0.369	0.465	0.692	－0.754	1.501	0.470
教育＝4	0^b	—	—	0^b	—	—
自我保护＝1	－0.503	0.549	0.605	－0.289	0.127	0.749
自我保护＝2	－0.018	0.001	0.982	－0.244	0.083	0.784
自我保护＝3	0.513	0.305	1.670	0.845	0.580	2.328
自我保护＝4	－0.295	0.132	0.744	－1.193	1.310	0.303
自我保护＝5	0^b	—	—	0^b	—	—
农药危害认知＝1	－0.805	1.438	0.447	－1.778**	4.715	0.169

续表

	模型一			模型二		
	系数	Wald 检验值	Exp（B）	系数	Wald 检验值	Exp（B）
农药危害认知 = 2	-0.552	1.013	0.576	-1.134*	3.715	0.322
农药危害认知 = 3	0.194	0.169	1.214	-0.231	0.222	0.794
农药危害认知 = 4	0.054	0.011	1.056	-0.965*	2.731	0.381
农药危害认知 = 5	0^b	—	—	0^b	—	—
培训 = 1	-21.033	—	7.335E-10	-0.209	0.045	0.811
培训 = 2	-0.404	0.640	0.668	-1.844**	5.246	0.158
培训 = 3	0^b	—	—	0^b	—	—
-2 倍对数似然值	474.237					
卡方	69.449					
显著水平	0.003					

资料来源：SPSS 17.0 分析结果（其中 ***、**、* 分别表示 1%、5%、10% 的置信水平）。

由表 7-5 可知，该模型的 -2 倍对数似然值为 474.237，卡方统计值为 69.449，显著水平为 0.003，这说明模型整体显著情况良好，且能较好地拟合样本数据。

另外，从模型估计结果可知：

第一，年龄因素是唯一一个对"政府部门在打药高峰期过后宣传组织回收"模式选择有影响作用的因素，其对政府主导型回收模式有负向影响作用，对市场参与型回收模式没有影响作用。相对于"在田间设回收箱"回收模式，年龄越大的农户，选择"政府部门在打药高峰期过后宣传组织回收"模式的可能性越小。可见，政府主导型的两种回收模式，对于大多数农民没有太大的差异，仅随着农民年龄或者劳动经验不同而略有不同。

第二，农地规模、是否雇工、是否租地、回收支持态度、农药危害认知等因素对"农民按特定价格拿到回收网点农药店进行有偿回收"模式有影响作用，但对"政府部门在打药高峰期过后宣传组织回收"模式没有影响作用。相对于"在田间设回收箱"回收模式：农地规模越大的农户，选择市场参与型模式的概率越小；家庭有雇工的农户，选择市场参与型模式的概率越小；家庭有租用土地的农户，选择市场参与型模式的概率越小；回收态度为支持的农户，选择市场参

与型模式的概率越大；相对于农药危害认知高的农户，认知低的农药选择市场参与型模式的概率越小。可见，选择政府主导型回收模式的多为种植规模大（农地规模大、有雇工、有租地）的农户；选择市场参与型回收模式的多为对农药认知意识高（危害性认知高、支持回收）的农户。

第五节　结论与建议

1. 基于以上的论述与分析，本研究得到如下三点结论

（1）“顺手丢弃”和“扔垃圾场”是目前中国农民处理农药包装废弃物最常用的两种方式，由于农药包装废弃物中含有一定的农药残留，这两种方式都将对环境和人类健康造成一定的危害，针对这种情况，最有效的解决途径是进行农药包装废弃物回收处理。

（2）超过90%的农民在态度上表示支持农药包装废弃物回收工作，通过影响因素分析发现，这种支持态度主要受到农民农药认知因素的影响，随着农民对农药认知的提高，农民支持农药包装废弃物回收的概率也将提高。

（3）政府主导型的回收模式，尤其是“在田间设回收箱”模式是目前农户普遍接受认可的回收模式。相对于“在田间设回收箱”模式：年龄因素是唯一一个对“政府部门在打药高峰期过后宣传组织回收”模式选择有影响作用的因素，其对市场参与型回收模式没有影响作用；农地规模、是否雇工、是否租地、回收支持态度、农药危害认知等因素对“农民按特定价格拿到回收网点农药店进行有偿回收”模式有影响作用，但对“政府部门在打药高峰期过后宣传组织回收”模式没有影响作用。

2. 基于以上的研究结论，本书认为，可从以下三个方面来推进农药包装废弃物回收工作的开展

（1）通过培训、宣传教育的方式，提高农户的农药认知水平。由前文分析可知，农药认知是唯一一个影响农民回收支持态度的因素。尽管大部分农户都表

示支持农药包装废弃物回收工作，但仍有近 10% 的农户持不认可的态度，因而必须继续通过提高农药认知的方式，来改变这部分农民的态度。然而，通过何种途径来提高农民对农药的认知？对此，关桓达等（2012）提出，通过农药使用培训来提高农户的农药认知，而傅新红（2010）则认为，农药安全宣传教育是当前提高农户农药认知的有效办法。因而，可借鉴前人的建议，通过培训、宣传教育的方式提高农药认知水平，从而强化农民对农药包装废弃物回收的支持态度。

（2）短期内农药包装废弃物回收模式应该以政府主导型（尤其是“在田间设回收箱”）模式为主。由前文分析可知，79.10% 的农户倾向于选择政府主导型回收模式；并且两种政府主导型回收模式并无太大差异，仅受到年龄因素的影响。因而短期内，为了保证农药包装废弃物回收工作的有效开展，必须在农村推行政府主导型（尤其是“在田间设回收箱”）模式。

（3）结合农户的农药认知和回收态度情况，逐步建立农药包装废弃物回收市场。由前文分析可知，仅有 20.90% 的农户倾向选择市场参与型的回收模式，但是这种模式受到农地规模、是否雇工、是否租地、回收支持态度、农药危害认知等因素的影响。其中，农地规模、是否雇工、是否租地等农户种植特征为客观因素，受限于资源禀赋，难以大幅度改变，因而从长期角度而言，影响作用较小；回收支持态度、农药危害认知等因素为主观因素，将随着农户知识、经验的积累而不断提升，影响作用较大。并且农药认知水平和回收支持态度与农户选择市场参与型模式的概率呈正相关关系，因此，必须随着农户的农药认知水平和回收态度的提升，逐步建立农药包装废弃物回收市场，保证农户能够通过市场形式实现农药包装废弃物回收。

参考文献

［1］ Patarasiriwong V, Wongpan P, Korpraditskul R, et al. Pesticide Distribution in Pesticide Packaging Waste Chain of Thailand: International Conference on Chemical［C］. Environmental Science and Engineering, Pattaya (Thailand), 2012.

［2］ Archer T E. Removal of 2, 4 – Dichlorophenoxyacetic Acid (2, 4 – d) Formulations from Noncombustible Pesticide Containers［J］. Bulletin of Environmental Contamination & Toxicology, 1975, 13 (1): 44 – 51.

［3］Malato S，Blanco J，Maldonado M I，et al. Optimising Solar Photocatalytic Mineralisation of Pesticides by Adding Inorganic Oxidising Species；Application to the Recycling of Pesticide Containers［J］. Applied Catalysis B：Environmental，2000 (28)：163－174.

［4］Lamberton J G，Thomson P A，Witt J M，et al. Pesticide Container Decontamination by Aqueous Wash Procedures［J］. Bulletin of Environmental Contamittation and Toxicology，1976，16（5）：528－535.

［5］Omishakin M A. A Survey of Pesticides Containers Management among African－American Agricultural Workers in Mid－Delta of Mississippi，USA［J］. The Journal of the Royal Society for the Promotion of Health，1994：81－82.

［6］Kells A M，Solomon K R. Dislodgeability of Pesticides from Products Made with Recycled Pesticide［J］. Arch Environ Contam Toxicol，1995（28）：134－138.

［7］Gullett B K，Tabor D，Touati A，et al. Emissions from Open Burning of Used Agricultural Pesticide Containers［J］. Journal of Hazardous Materials，2012 (221－222)：236－241.

［8］《今日农药》编辑部. 世界各国处理农药包装物的方式以及引发的思考［J］. 今日农药，2012（3）：19－20.

［9］宋欢，胡浩民，郑少雄. 以供销社为主体的广东农药废弃物回收新体系构建［J］. 广东农业科学，2012（10）：207－209.

［10］黄泽宇，袁国轩，宗高旭等. 我国农药废弃物管理改革方向探索——基于对国外管理模式的类型化比较研究［J］. 农业经济问题，2013（1）：104－109.

［11］汪建沃. 我国将建立农药容器回收制度［J］. 农药市场信息，2013 (4)：12.

［12］于长永. 农民对“养儿防老”观念的态度的影响因素分析——基于全国10个省份1000余位农民的调查数据［J］. 中国农村观察，2011（3）：69－79.

［13］姚兆余，狄金华，朱考金. 农民对新农村建设的态度及其影响因素分析——以皖南胡村为例［J］. 今日中国论坛，2008（1）：120－123.

［14］关桓达，吕建兴，邹俊. 安全技术培训、用药行为习惯与农户安全意识——基于湖北8个县市1740份调查问卷的实证研究［J］. 农业技术经济，

2012 (8): 81 - 86.

[15] 傅新红，宋汶庭．农户生物农药购买意愿及购买行为的影响因素分析——以四川省为例［J］．农业技术经济，2010 (6): 120 - 128.

第三篇
农户施用农药的规范

前文已对农户的农药安全认知形成与动因和农药施用行为及影响因素做出深入的研究与分析。由第一篇研究结果可知，农药相关主体的农药安全认知普遍较低，这将影响农户的农药施用行为，甚至可能导致农户不完全用药；对此，可通过教育培训来提高相关主体，尤其是农户的农药安全认知。由第二篇研究结果可知，农户在施用农药过程中存在严重的农药暴露行为，在使用农药后存在不合理的农药包装废弃物处理行为；个体特征以及教育培训所形成的认知是规范农户用药行为的关键要素。据此，本书的第三篇将重点探讨如何规范农户施用农药。第三篇包括两个章节：第八章是基于培训视角对农药安全认知规范研究；第九章则是从农户特征、生产特性和农药认知多维度对如何规范农户的农药施用行为进行分析。

第八章首先利用广东省272个稻农的实地调研数据对农民的培训现状进行描述，发现农民有着强烈的培训需求但在现实中却缺乏培训，并且他们最期望的是由农技站或农业局通过“农田实地指导教授”的方式为他们提供农药知识培训；其次，在理论分析的基础上采用有序回归模型检验了农户培训参与意愿的影响因素，发现是否雇工、受教育程度、农药危害性认知、自我保护意识和年龄是主要因素；最后，提出根据农户需求选择培训主体和方式，并重点提高年轻、家庭没有雇工的农户的农药危害性认知和自我保护意识，以提高农民的农药培训需求。

第九章首先从理论上梳理了农户特征、生产特征和认知特征三方面对农户用药行为的影响机理；其次，利用 169 个广东菜农的实地调研数据，构建结构方程实证检验了农户安全用药行为的形成机理，发现农户特征对药中行为有间接影响作用，对药后行为有直接和间接影响作用，生产特征对药中行为和药后行为都只有间接影响作用，农药认知则是直接影响药中行为和药后行为，并且作用最为明显；最后，提出加大农药科普宣传与培训力度、通过生产技术培训传播农药科普知识、标准化农业生产行为和加大安全用药行为的基本制度保障等对策建议。

第八章　农药知识培训与农户的农药认知规范[①]

摘要： 农药培训有助于提高农民对农药的认知，降低农药的负面影响。基于此，本章以广东272个稻农为例，利用有序回归模型对农民的农药培训意愿、期望的培训方式和实施主体进行研究。研究结论表明，尽管中国农民整体缺乏培训，但农民有着较高的农业培训需求，其中，农药知识是农民最期望获得的培训内容；农民存有较高的参与农药知识培训的意愿，农民最喜欢“农田实地指导教授”的培训方式，农技站和农业局则是农民最期望的培训实施主体；农民的参与意愿主要受到是否雇工、受教育程度、农药危害性认知、自我保护意识和年龄等因素的影响。据此，本章建议：第一，农药知识培训工作应该由地方农业局或农技站负责组织实施，并以“农田实地指导教授”为主要方式，以刺激农药培训供给；第二，在开展培训工作的同时，通过宣传教育的方式，重点提高年轻、家庭没有雇工的农户的农药危害性认知和自我保护意识，从而提高农民的农药培训需求。

关键词： 农药知识培训；参与意愿；培训方式；实施主体

---

① 蔡键，邵爽，左两军．农药知识培训：意愿、方式与实施主体选择［J］．中国农业大学学报，2016（2）．

第一节　问题提出

几十年来，农药被作为控制农业病虫害的主要方法，在提高农产品质量和数量等方面都起到非常重要的作用（Hashemi et al.，2009）。尽管农药已经被广泛认为是农业生产中的一个重要工具，但是人们也清晰地认识到，农药也存在一定的负面影响（Hashemi et al.，2009）。首先，农药将造成环境污染、生态破坏等问题（Atreya，2007；Doruchowski et al.，2013）；其次，农药对人类（尤其是农业生产者）的健康将产生负面影响作用（Atreya，2007；Hruska and Corriols，2002）。可见，农药在农作物生产中的广泛施用已经带来了一系列生产、环境和食品安全等问题（黄季焜等，2008）。社会各界，包括农药生产者和制造商都认识到农药带来的风险，但他们却并未在解决措施上达成共识（Hruska and Corriols，2002）。

从经济学视角而言，农药可被认为是一种保护性投入而并非生产性投入。这意味着只有当农业受到严重的病虫害攻击并且农药能有效控制病虫害时，它的作用才能体现（Mariyono，2007）。如果农民不能有效判断病虫害程度或者有效使用农药，就将出现农药滥用或过度使用等现象（Mariyono，2007）。而农民的这种不规范、不合理使用农药的行为，也正是农药产生各种危害的主要原因（Hashemi et al.，2012）。许多国家的农民往往由于缺乏农药危害和农药使用的相关知识，而错过农药使用时机、采用错误施药方式，或者施药时出现喷雾偏差（Doruchowski et al.，2013；Ozkan，1999）。在发展中国家（包括中国），由于缺乏农药知识而不规范使用农药，从而造成农药危害的现象更为严重。因为在发达国家，公众对农药影响健康的高度关注已经驱使高危农药被逐出市场，并且具有潜在危险的农药也受到了严格的限制；大多数发展中国家的情况则大不相同，部分高危农药仍在市场上合法销售，具有潜在危险的农药也没有受到太多的限制（Hruska and Corriols，2002）。因而，通过培训提高农民的农药知识对于中国农业发展、生态环境建设以及农民健康都具有重大意义（Feder et al.，2004；Austin et al.，2001）。农药培训有助于减少病虫害问题，增加农业生产者对农药的了解

和使用信心（Mir et al.，2010），进而减少农药使用、降低生产成本、提高经济回报以及降低健康风险（Hruska and Corriols，2002）。由此可见，农民对农药和病虫害防治技术的信息与知识是影响他们农药施用的重要因素，国家应加强对农民的培训、普及农药知识和病虫害防治技术知识（黄季焜等，2008），只有这样才能在提高农业产出的同时降低农药的潜在风险。

那么，中国农业生产者（农民）的农药整体培训状况如何？农民参与农药知识培训的意愿又是如何？他们更愿意参加哪种形式的培训？他们更希望哪个单位负责提供培训？探讨这些问题将有助于更好地了解中国农药培训情况，并为提高农民农药知识以及农药施用技术进而减少农药负面影响提供有效对策和建议。

第二节　样本情况说明

一、样本数据说明

本次调研旨在了解农民的农药知识培训现状，探析农民的培训意愿与可行的培训方式、培训实施主体。因此，受访对象必须是长期使用农药的全职农民。调研以广东省的稻农作为研究对象，调查小组根据广东各区域水稻的种植规模，分别在粤东地区、粤西地区、粤北地区、珠三角地区抽取了部分市（县）作为一级单元，再分别从每个市（县）中随机抽取 30 个农户作为样本，从而保证了样本数据的广泛性和代表性。本次调研总共发放问卷 330 份，其中有效问卷 272 份，问卷有效率为 82.4%。样本分布情况如表 8－1 所示。

表 8－1　样本分布情况

区域	市（县）	发放问卷数（份）	有效问卷数（份）	有效回收率（%）
珠三角	台山	30	29	96.67
	怀集	30	18	60.00

续表

区域	市（县）	发放问卷数（份）	有效问卷数（份）	有效回收率（%）
粤北	罗定	30	28	93.33
	清新	30	27	90.00
	南雄	30	22	73.33
	紫金	30	27	90.00
	五华	30	25	83.33
粤西	廉江	30	23	76.67
	化州	30	27	90.00
	高州	30	26	86.67
粤东	揭东	30	20	66.67
合计		330	272	82.4

二、受访对象的培训情况

1. 农民整体缺乏培训

由表8－2可知，在272个受访农户中，近三年没有参加过任何培训的农民达到232人，占比85.29%；近三年参加过1～2次培训的农户有30人，占比11.03%；近三年参加过3次或以上培训的农民只有10人，占比仅为3.68%。由此可见，农民整体参加培训次数较少，近三年超过85%的农民都没有参加过任何培训。

表8－2　广东稻农近三年培训情况

近三年参加培训次数	人数（人）	比例（%）
没有参加过培训	232	85.29
参加了1～2次的培训	30	11.03
参加了3次或以上的培训	10	3.68
合计	272	33.33

资料来源：根据调研数据整理。

2. 农民存有较高的农业培训需求

由表8-3可知，在272个受访农户中，有35人表示“非常需要”接受农业指导与培训，占比12.87%；有98个农户表示“需要”接受农业指导与培训，占比36.03%；有86个农户对此持中立态度，表示视“情况”而定，占比31.62%；39个农户表示“不需要”接受农业指导与培训，占比14.34%；另外有14个农户没有做出选择。由此可见，有接近一半的农户都表示出对农业培训的渴望与需求，相反仅有14%左右的农户表示“不需要”农业培训，农民整体存有较高的农业培训需求。

表8-3　广东稻农培训内容需求情况

是否需要接受农业方面的指导与培训	人数（人）	比例（%）
非常需要	35	12.87
需要	98	36.03
看情况	86	31.62
不需要	39	14.34
没有做出选择	14	5.15
合计	272	20.00

资料来源：根据调研数据整理。

3. 农药知识是目前农民最需要的培训内容

由表8-4可知，在272个受访农户中，178人选择了最需要获得作物病虫草害的防治指导培训，占比65.44%；有99个农户选择了最需要获得农药使用的技术指导培训，占比36.40%；有17个农户选择最需要获得环保知识方面的指导培训，占比6.25%；有18个农户选择了最需要获得农产品销售管理的指导培训，占比6.62%；有56个农户选择其他方面的培训或者没有做出选择。由此可见，与农药相关的知识和技术（病虫害防治和农药使用技术），是当前农民最需要的培训内容。

表 8－4　广东稻农最需要的培训内容

最需要哪方面的培训与指导	人数（人）	比例（%）
作物病虫草害的防治指导培训	178	65.44
农药使用的技术指导培训	99	36.40
环保知识方面的指导培训	17	6.25
农产品销售管理的指导培训	18	6.62
其他（包括没有做出选择）	56	20.59
合计	368	27.06

注：每个受访对象可能不止选择一项培训内容，因而频次加总不等于样本人数（272）。

三、小结

由广东稻农的调研数据可知：从整体培训参与情况来看，近三年超过 85% 的农民没有参加过任何培训，农民整体缺乏培训；从农民参与培训需求来看，接近 50% 的农户存有较高的培训需求与欲望，仅有 14% 的农户不存在培训需求，农民整体存有较高的农业培训需求；从培训内容来看，超过 65% 的农民表示最需要作物病虫草害防治方面的培训，超过 35% 的农民表示最需要农药使用技术方面的培训，与农药相关的知识和技术是当前农民最需要的培训内容。

农民具有较高的培训需求，尤其是农药知识与技术方面的培训。那么，如果相关部门组织此方面的培训，农民是否愿意参加，他们所期望的培训方式和培训主体又是什么？需要进一步通过调查来说明。

第三节　描述性统计：参与意愿、培训方式与实施主体选择

农药培训的对象是农民，培训工作能否有效开展关键在于能否得到农民的支持与参与。其中所涉及内容包括农民自身的意愿、农民喜欢的培训方式以及农民

期望的实施主体。

一、参与意愿

为了进一步考察农民是否愿意参与农药知识培训，本研究团队也在调查问卷中设置了相关问题，调查结果如表8－5所示。

表8－5　广东稻农培训接受意愿

是否愿意接受农药方面的指导与培训	人数（人）	比例（%）
没有意愿	21	7.72
很小意愿	33	12.13
有一定的意愿	83	30.51
很大意愿	45	16.54
非常大意愿	71	26.10
没有做出选择	19	6.99

资料来源：根据调研数据整理。

由表8－5可知，在272个受访农户中，有21人表示“没有意愿”参加农药指导与培训，占比7.72%；有33个农户表示“很小意愿”参加农药指导与培训，占比12.13%；有83个农户表示“有一定的意愿”参加农药指导与培训，占比30.51%；有45个农户表示有“很大意愿”参加农药指导与培训，占比16.54%；有71个农户表示有“非常大意愿”参加农药指导与培训，占比26.10%；另外，有19个农户没有做出选择。由此可见，除了7%的农民对参加农药培训不存在任何意愿，其他农民都对参加农药培训存有一定的意愿。

二、培训方式选择

对于农药知识的培训方式，有专家认为这种与健康相关的教育不应该停留在简单提供相关信息的方式，为了提高农药使用效率以及施药设备使用的准确性，相关部门必须在培训中增加设备使用的相关话题，并且采取实地培训的方式，让培训师到田地里进行示范性培训（Ozkan，1999；Austin et al.，2001）。究竟农民最喜欢的培训方式是农田实地指导，还是传统的课堂教学，抑或是宣传交流等其他方式？对此，本研究团队在调查问卷中设置了相关问题，调查结果如表 8－6 所示。

表 8－6　广东稻农最喜欢的培训方式

最需要哪方面的培训与指导	人数（人）	比例（%）
课堂授课	51	18.75
农田实地指导教授	155	56.99
派发知识小册子	27	9.93
举办农户交流会	28	10.29
在村委会宣传栏上展示	47	17.28
在农药店宣传、张贴宣传单	43	15.81
其他（包括没有做出选择）	41	15.07

注：每个受访对象可能不止选择一种培训方式，因而频次加总不等于样本人数（272）。

由表 8－6 可知，在 272 个受访农户中，有 51 个农户将“课堂授课”选为最喜欢的培训方式，占比 18.75%；有 155 个农户将“农田实地指导教授”选为最喜欢的培训方式，占比 56.99%；有 27 个农户将“派发知识小册子”选为最喜欢的培训方式，占比 9.93%；有 28 个农户将“举办农户交流会”选为最喜欢的培训方式，占比 10.29%；有 47 个农户将“在村委会宣传栏上展示”选为最喜欢的培训方式，占比 17.28%；有 43 个农户将“在农药店宣传、张贴宣传单”选为最喜欢的培训方式，占比 15.81%；另外，有 41 个农户选择“其他培训方式或者没有做出选择”。由此可见，“农田实地指导教授”确实是目前农民最喜欢的培训方式，超过 56% 农户选择了这种方式。

三、实施主体选择

如何组织农民参加培训直接关系到培训措施的落实和农民综合素质的提高。一般而言，培训实施主体有政府、中介机构、学校和企业等（蒋寿建，2008）。

那么，农民到底最期望由哪个单位或者部门来实施农药培训？对此，本研究团队在调查问卷中也设置了相关问题，调查结果如表8－7所示。

表8－7　广东稻农最期望的培训实施主体

最期望的培训实施主体	人数（人）	比例（%）
农业局	92	33.82
农技站	110	40.44
农药厂家	21	7.72
农药零售商	27	9.93
学校机构	0	0.00
村委会	9	3.31
其他（包括没有做出选择）	13	4.78

资料来源：根据调研数据整理。

由表8－7可知，在272个受访农户中，有92人最期望的培训实施主体是农业局，占比33.82%；有110个农户最期望的培训实施主体是农技站，占比40.44%；有21个农户最期望的培训实施主体是农药厂家，占比7.72%；有27个农户最期望的培训实施主体是农药零售商，占比9.93%；有9个农户最期望的培训实施主体是村委会，占比3.31%；没有农户将学校机构视为最期望的培训实施主体；另外，有13个农户选择其他主体或者没有做出选择，占比4.78%。由此可见，农技站和农业局是中国农户最期望的培训实施主体，超过80%的农户将这两类机构视为最期望的培训实施主体。

四、小结

由调研数据可知，在农药培训方面：第一，农民具有较高的参与意愿，仅有接近8%的农民对参加农药培训不存在任何意愿；第二，“农田实地指导教授”是农民最喜欢的培训方式，农技站和农业局则是农民最期望的培训实施主体。

然而在现实中，参与农药培训的农民数量及比例却不高。对此，一方面，相关部门可根据农民喜欢的培训方式和实施主体来组织更多的培训，创造适合农民的培训供给；另一方面，则可进一步分析农民参与意愿的影响因素，找出决定性因素，通过政策干预的方式，进一步刺激农民参与培训的意愿，提高农药培训需求。

第四节　理论框架：农民参与意愿的影响因素分析

农民参与培训的意愿，即农民是否愿意参加培训及其在多大程度上愿意参加培训，可能受到农民个人特征、培训内容相关因素以及农民职业特征等多方面因素的影响。对此，不同学者从不同角度提出了自己的观点。

一、影响因素总结

1. 个体特征对农民参与农药培训的影响作用

学者普遍认为，农民的性别、年龄、受教育程度等个人特征对农民的培训参与意愿有较大影响作用。首先，刘芳等（2010）以北京市新型农民科技培训为例，通过实证分析提出，男性相对于女性更愿意参加农业科技方面的培训；其次，曹建民等（2005）和刘芳等（2010）的研究都说明，文化程度对农民选择参加农业方面的培训具有显著的正向作用；最后，徐金海等（2011）和刘芳等（2010）的研究都说明，农户年龄是农户参与农业科技培训意愿的影响因素，但两者的研究结论有所不同，刘芳等（2010）认为，年龄对培训参与意愿有正向影响作用；而徐金海等则认为，年龄对培训参与意愿有负向影响作用。由此可见，尽管不同学者关于影响效应的研究结论有所不同，但是大部分学者都认为，性别、年龄、受教育程度等个人特征对农民的培训参与意愿有较大影响作用。

2. 生产特征对农民参与农药培训的影响作用

大部分学者也从生产特征角度对农民培训参与意愿的影响因素进行分析，他们认为，家庭劳动力、生产规模等生产特征都是影响农民参与培训意愿的因素。

一方面，家庭劳动力数量和结构，是影响农民参与农业培训的主要因素，对此卫龙宝和阮建青（2007）通过研究指出，家庭劳动力人数与农民参与培训的意愿呈正相关关系；而徐金海等则认为，农业劳动力人数占家庭人口的比例与农业科技服务培训的意愿呈负相关关系；另一方面，农业经营规模大小和土地情况对农民的培训参与意愿也具有较大的影响作用，对此刘芳等（2010）提出，经营规模越大越需要参加科技培训；曹建民等（2005）则认为，增加土地规模不仅是农民参加技术培训行为的诱导因素，也是提高农民技术采用愿望的重要影响因素；徐金海等（2011）则从另一个角度提出土地被征用与农民参与素质培训的意愿呈负相关关系。由此可见，家庭劳动力和家庭经营土地等生产特征是影响农民参与培训的主要因素。

3. 培训内容的认知与态度对农民参与农药培训的影响作用

徐金海等认为，除了个人特征、职业特征之外，农民对培训内容的认知与态度也是影响农民参与培训意愿的主要因素，因为只有认可培训内容的农民，才有可能参加相关的培训。由于不同培训的内容差异性较大，因而认知与态度方面的因素，必须根据具体培训内容进行提炼。本研究主要关注农药知识方面的培训，可选取农药废弃物危害性认知、农民自我保护意识等与农药相关的认知和态度方面的因素进行分析。

二、理论框架形成

如上文所述，个体特征、生产特征和农民关于培训内容的认知与态度，是影响农民培训参与意愿的主要因素。究其原因，正是因为农民是理性经济人，他们是否愿意参加农药培训，总是根据自己参加农药培训后的收益而做出的决定。而该收益的获得可按时间前后分成三个阶段：培训内容的认可程度、培训内容的吸收程度和培训内容的应用程度。首先，农民的认知和态度，就是农民对培训内容的看法，会直接影响到农民对培训内容的认可程度，认可度越高，培训所带来的收益也就越高；其次，个体特征属于农户个人客观条件，会影响农户对培训内容的吸收程度，吸收程度越高意味着参加培训后获得的收益越高；最后，生产条件是农民的作业情况，会影响到农民对培训内容的应用程度，应用程度越高（或者说应用范围越宽），培训所带来的收益也就越高。综上，本研究关于农药培训意愿影响因素的理论框架可用图 8－1 来表示。

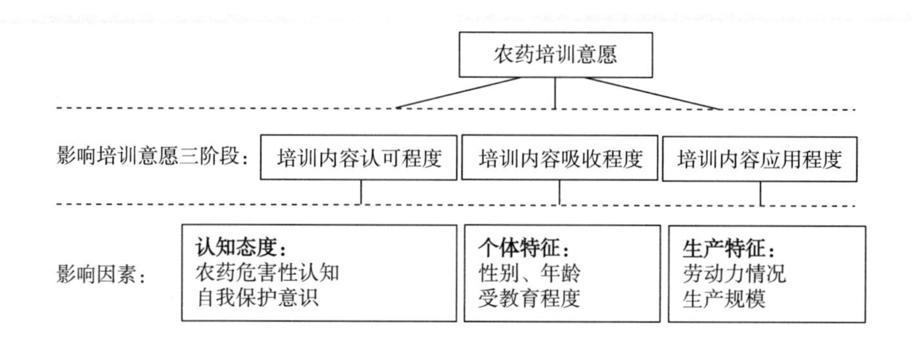

图 8－1　理论框架

第五节　实证检验

一、方法选择

根据实地调研的数据，本书将农户参与农药培训意愿分为五个等级（见表 8－5）。这五个等级之间是递进的关系，属于有序型五分变量，因而文章将采用有序回归模型（Ordinal Regression）进行实证检验。具体函数类型则是采用有序回归模型中应用最广的 Logit 连接函数。基本模型如公式（8－1）所示。

$$\ln\left(\frac{\pi_{ij}(Y\leqslant j)}{1-\pi_{ij}(Y\leqslant j)}\right)=\ln\left(\frac{\pi_{i1}+\cdots+\pi_{ij}}{\pi_{i(j+1)}+\cdots+\pi_{iJ}}\right)(j=1,\ 2,\ \cdots,\ J-1)$$
$$=\alpha_j-(\beta_1X_{i1}+\cdots+\beta_pX_{ip}) \quad (8-1)$$

通过累加概率可得到累加 Logit 模型，再结合本文的因变量取值个数，可得到本文的基本计量模型，具体见公式（8－2）至公式（8－6）。

$$\hat{p}_1=\frac{\exp[a_1-(b_1X_{i1}+\cdots+b_pX_{ip})]}{1+\exp[a_1-(b_1X_{i1}+\cdots+b_pX_{ip})]} \quad (8-2)$$

$$\hat{p}_2 = \frac{\exp[a_2 - (b_1X_{i1} + \cdots + b_pX_{ip})]}{1 + \exp[a_2 - (b_1X_{i1} + \cdots + b_pX_{ip})]} \quad (8-3)$$

$$\hat{p}_3 = \frac{\exp[a_3 - (b_1X_{i1} + \cdots + b_pX_{ip})]}{1 + \exp[a_3 - (b_1X_{i1} + \cdots + b_pX_{ip})]} \quad (8-4)$$

$$\hat{p}_4 = \frac{\exp[a_4 - (b_2X_{i1} + \cdots + b_pX_{ip})]}{1 + \exp[a_4 - (b_1X_{i1} + \cdots + b_pX_{ip})]} \quad (8-5)$$

$$\hat{p}_5 = 1 - (\hat{p}_1 + \hat{p}_2 + \hat{p}_3 + \hat{p}_4) \quad (8-6)$$

二、变量说明

如前文所述，农民参与农药培训意愿是本研究的被解释变量；影响因素则有农民个人特征、农民职业特征和农药相关因素三大类。具体的变量及其赋值说明如表8-8所示。

表8-8　变量及其赋值说明

类别	变量	类型	说明
被解释变量	参与意愿	五分变量	1=没有意愿；2=意愿很小；3=有一定的意愿；4=意愿很大；5=意愿非常大
解释变量	性别	二分变量	1=男性；0=女性
	年龄	五分变量	1=［16，39）；2=［40，49）；3=［50，59）；4=［60，69）；5=［70，80）（岁）
	受教育程度	分类变量	1=小学未毕业；2=小学；3=初中；4=高中或职中；5=大学及以上
	种植面积	连续变量	数据取值为农户当年的实际种植面积
	是否租地	二分变量	1=是；0=否
	劳动力数量	连续变量	数据取值为农户当年的家庭劳动力数量
	是否雇工	二分变量	1=是；0=否
	农药危害性认知	五分变量	1=没有危害；2=危害很小；3=有一定危害；4=危害较大；5=危害非常大
	农民自我保护意识	五分变量	1=打药时没有穿戴任何保护装备；2=打药时仅穿戴手套或者口罩；3=打药时同时穿戴手套和口罩；4=打药时同时穿戴手套、口罩和雨鞋；5=打药时穿戴全套雨衣

三、实证结果诠释

本书利用软件 SPSS 17.0 对样本数据及上述模型（多元有序 Logistic）进行回归拟合，拟合结果如表 8-9 所示。

表 8-9 培训参与意愿模型拟合及估计结果

		估计	标准误	显著性	95%置信区间	
					下限	上限
阈值	[意愿=1.00]	15.817***	1.078	0.000	13.704	17.930
	[意愿=2.00]	17.056***	1.057	0.000	14.983	19.128
	[意愿=3.00]	18.813***	1.032	0.000	16.789	20.836
	[意愿=4.00]	19.751***	1.021	0.000	17.749	21.753
位置	性别	-0.209	0.276	0.450	-0.750	0.333
	家庭劳动力	0.195	0.185	0.292	-0.168	0.558
	雇工	0.593**	0.266	0.026	0.071	1.115
	租地	0.181	0.274	0.509	-0.356	0.719
	种植面积	0.018	0.046	0.694	-0.071	0.107
	[教育=1.00]	22.153***	0.495	0.000	21.183	23.123
	[教育=2.00]	21.937***	0.404	0.000	21.146	22.729
	[教育=3.00]	21.528***	0.413	0.000	20.718	22.337
	[教育=4.00]	22.115***	0.000	0.000	22.115	22.115
	[教育=5.00]	0a	—	—	—	—
	[农药危害认知=1.00]	-2.426***	0.490	0.000	-3.387	-1.465
	[农药危害认知=2.00]	-2.005***	0.417	0.000	-2.822	-1.189
	[农药危害认知=3.00]	-1.782***	0.381	0.000	-2.530	-1.035
	[农药危害认知=4.00]	-0.730*	0.398	0.067	-1.510	0.051
	[农药危害认知=5.00]	0a	—	—	—	—
	[自我保护意识=1.00]	-0.940	0.577	0.103	-2.071	0.191
	[自我保护意识=2.00]	-0.994*	0.589	0.092	-2.149	0.161
	[自我保护意识=3.00]	-0.877	0.768	0.254	-2.382	0.628
	[自我保护意识=4.00]	-1.917***	0.709	0.007	-3.306	-0.527

续表

		估计	标准误	显著性	95%置信区间	
					下限	上限
位置	[自我保护意识=5.00]	0[a]	—	—	—	—
	[年龄=1.00]	-1.280	0.801	0.110	-2.849	0.290
	[年龄=2.00]	-1.403**	0.651	0.031	-2.679	-0.127
	[年龄=3.00]	-1.664***	0.638	0.009	-2.915	-0.413
	[年龄=4.00]	-1.399**	0.644	0.030	-2.660	-0.137
	[年龄=5.00]	0[a]	—	—	—	—
-2倍对数似然值		692.947				
Cox & Snell R^2		0.232				
Nagelkerke R^2		0.244				
McFadden		0.088				

资料来源：SPSS 17.0分析结果（其中***、**、*分别表示1%、5%、10%的置信水平）。

如表8-9所示，从模型整体拟合效果来看，模型拟合后的-2倍对数似然值为692.947，Cox & Snell值为0.232，Nagelkerke值为0.244，McFadden值为0.088，模型拟合效果较好。

由模型估计结果可知，通过显著性检验的因素有：是否雇工、受教育程度、农药危害认知、自我保护意识和年龄。

1. 是否雇工

变量“是否雇工”的回归系数为0.593，由关系式$OR = e^{\beta}$可知，该因素的比例优势系数大于1。表明家庭有雇工的农户，更可能有较高的意愿参加农药知识培训。

2. 受教育程度

变量“受教育程度”的偏回归系数大于0（当受教育程度=1，2，3，4和5时，其偏回归系数分别为22.153、21.937、21.528、22.115和0），因而$OR = e^{\beta} \geq 1$，表明与受教育程度为大学及以上的稻农相比，教育程度较低的稻农存有较高的意愿参与农药知识培训的概率增大。

3. 农药危害认知

变量“农药危害认知”的偏回归系数小于0（当农药危害认知 =1，2，3，4和5时，其偏回归系数分别为 -2.426、-2.005、-1.782、-0.730和0），因而 $OR=e^{\beta}\leqslant 1$，表明与认为农药对环境有非常大危害的农户相比，认为农药危害相对较小的稻农存有较高的意愿参与农药知识培训的概率减小。

4. 自我保护意识

变量“自我保护意识”的偏回归系数小于0（当自我保护意识 =1，2，3，4和5时，其偏回归系数分别为 -0.940、-0.994、-0.877、-1.917和0），因而 $OR=e^{\beta}\leqslant 1$，表明与自我保护意识非常高的农户相比，自我保护意识相对较低的稻农存有较高的意愿参与农药知识培训的概率减小。

5. 年龄

变量“年龄”的偏回归系数小于0（当年龄 =1，2，3，4和5时，其偏回归系数分别为 -1.280、-1.403、-1.664、-1.399和0），因而 $OR=e^{\beta}\leqslant 1$，表明与年龄超过70岁的农户相比，年龄相对较小的稻农存有较高的意愿参与农药知识培训的概率减小。

四、进一步说明

从现实情况来看，虽然农民有着较强的农药培训需求，但是参与农药培训的农户数量却不多。进一步研究发现，农户的农药培训参与意愿较强，农户的意愿主要受到家庭是否雇工、自身受教育程度、农药危害认知、自我保护意识和年龄五大因素的影响与制约。这无疑给予我们启示：可从这五个因素着手，通过相应的途径，提高农民的农药培训意愿，进而刺激农药培训需求。

第六节 结论与建议

基于以上的论述与分析，本书得到如下三点结论

(1) 尽管中国农民整体缺乏培训，但农民有着较高的农业培训需求，其中农药知识是农民最期望获得的培训内容。

(2) 农民存有较高的参与农药知识培训的意愿，如在农村开展农药知识培训，“农田实地指导教授”是农民最喜欢的培训方式，农技站和农业局则是农民最期望的培训实施主体。

(3) 通过影响因素的理论分析与实证检验发现，农药知识培训参与意愿主要受到是否雇工、受教育程度、农药危害认知、自我保护意识和年龄等因素的影响。家庭有雇工的农户，更可能有较高的意愿参加农药知识培训；与教育程度为大学及以上的稻农相比，教育程度较低的稻农存有较高的意愿参与农药知识培训的概率增大；与认为农药对环境有非常大危害的农户相比，认为农药危害相对较小的稻农存有较高的意愿参与农药知识培训的概率减小；与自我保护意识非常高的农户相比，自我保护意识相对较低的稻农存有较高的意愿参与农药知识培训的概率减小；与年龄超过 70 岁的农户相比，年龄相对较小的稻农存有较高的意愿参与农药知识培训的概率减小。

本研究认为，可从如下两个方面来推进农药知识培训工作的开展：

(1) 在刺激农药培训供给方面，农药知识培训工作应该由地方农业局或农技站负责组织实施，并以“农田实地指导教授”为主要方式。由前文分析可知，广东稻农最喜欢的农药培训方式是“农田实地指导教授”，最期望的实施主体则是农业局和农技站。因而相关部门应该将农药培训工作分配给地方的农业局和农技站，并转变以往以教学为主的培训方式，更多地通过实地指导来提高农民的农药知识。

(2) 在刺激农药培训需求方面，相关部门在开展培训工作的同时，应该通过宣传教育的方式，重点提高年轻、家庭没有雇工的农户的农药危害性认知和自我保护意识。由前文分析可知，年轻、家庭没有雇工的农户是参与农药知识培训的低意愿群体，而教育、提高农药危害性认知和增强自我保护意识则是提高农民参与农药培训意愿的有效措施。因而全面提高农民参与农药培训的意愿，应该重点加强对年轻、家庭没有雇工的农民群体的农药危害性认知和自我保护意识等方面的宣传教育工作。

参考文献

[1] Hashemi S M, Hosseini S M, Damalas C A. Farmers' Competence and Training Needs on Pest Management Practices: Participation in Extension Workshops [J]. Crop Protection, 2009, 28 (11): 934 – 939.

[2] Atreya K. Farmers' Willingness to Pay for Community Integrated Pest Management Training in Nepal [J]. Agriculture and Human Values, 2007, 24 (3): 399 – 409.

[3] Doruchowski G, Roettele M, Herbst A, Balsari P. Drift Evaluation Tool to Raise Awareness and Support Training on the Sustainable Use of Pesticides by Drift Mitigation [J]. Computers and Electronics in Agriculture, 2013 (97): 27 – 34.

[4] Hruska A J, Corriols M. The Impact of Training in Integrated Pest Management among Nicaraguan Maize Farmers: Increased Net Returns and Reduced Health Risk [J]. International Journal of Occupational and Environmental Health, 2002, 8 (3): 191 – 200.

[5] Mariyono J. The Impact of IPM Training on Farmers' Subjective Estimates of Economic Thresholds for Soybean Pests in Central Java, Indonesia [J]. International Journal of Pest Management, 2007, 53 (2): 83 – 87.

[6] Hashemi S M, Hosseini S M, Hashemi M K. Farmers' Perceptions of Safe Use of Pesticides: Determinants and Training Needs [J]. International Archives of Occupational and Environmental Health, 2012, 85 (1): 57 – 66.

[7] Ozkan H E. Recommendations for Pesticide Applicator Training in USA Based on Licensing and Training Procedures in Western Europe [J]. Applied Engineering in Agriculture, 1999, 15 (1): 25 – 30.

[8] Feder G, Murgai R, Quizon J B. The Acquisition and Diffusion of Knowledge:

The Case of Pest Management Training in Farmer Field Schools, Indonesia [J]. Journal of Agricultural Economics, 2004, 55 (2): 221-243.

[9] Austin C, Arcury T A, Quandt S A, Preisser J S, Saavedra R M, Cabrera L F. Training Farmworkers about Pesticide Safety: Issues of Control [J]. Journal of Health Care for the Poor and Underserved, 2001, 12 (2): 236-249.

[10] Mir D F, Finkelstein Y, Tulipano G D. Impact of Integrated Pest Management (IPM) Training on Reducing Pesticide Exposure in Illinois Childcare Centers [J]. Neurotoxicology, 2010, 31 (6): 765.

[11] 黄季焜，齐亮，陈瑞剑. 技术信息知识、风险偏好与农民施用农药 [J]. 管理世界，2008 (5): 71-76.

[12] 蒋寿建. 村支书视角的新型农民培训需求分析——基于扬州市216个村支书的调查 [J]. 农业经济问题，2008 (1): 71-74.

[13] 刘芳，王琛，何忠伟. 北京新型农民科技培训的需求及影响因素的实证研究 [J]. 农业技术经济，2010 (6): 61-66.

[14] 曹建民，胡瑞法，黄季焜. 技术推广与农民对新技术的修正采用：农民参与技术培训和采用新技术的意愿及其影响因素分析 [J]. 中国软科学，2005 (6): 60-66.

[15] 徐金海，蒋乃华，秦伟伟. 农民农业科技培训服务需求意愿及绩效的实证研究：以江苏省为例 [J]. 农业经济问题，2011 (12): 66-72.

[16] 卫龙宝，阮建青. 城郊农民参与素质培训意愿影响因素分析——对杭州市三墩镇农民的实证研究 [J]. 中国农村经济，2007 (3): 32-37.

第九章　安全用药与农户的农药施用行为规范[①]

摘要：农户安全使用农药，不仅可以促进农业生产，降低环境污染，保证农产品安全供给，同时还可以保护农户身体健康，最终实现农业生产的可持续发展。探讨农户安全用药行为的影响因素对于指导农户安全生产具有重要意义。首先，本章从理论上分析农户特征、生产特征和认知特征三方面影响农户用药行为的主要因素；其次，根据实地调查数据，利用结构方程进行实证检验以及理论模型修正。研究表明：农户特征对药中行为有间接影响作用，对药后行为有直接和间接影响作用；生产特征对药中行为和药后行为都只有间接影响作用；农药认知则是直接影响药中行为和药后行为，并且作用最为明显。

关键词：农户特征；生产特征；农药认知；安全用药

第一节　问题提出

自从20世纪60年代绿色革命以来，农药和化肥、良种及灌溉设备一同被视为农业生产中的四大核心投入要素，为粮食供给、农业生产发展以及消除贫困做

---

① 左两军，蔡键．个体特征、认知差异与农户安全用药行为研究［J］．江西财经大学学报，2015（4）．

出了巨大贡献（王志刚和吕冰，2009）。农药作为保障农作物高产的重要生产资料，在控制病虫害、增加农业产量等方面发挥了重要的作用。相关研究显示，由于现代农业变得越来越依赖于农药（Mandel et al.，1996）。有96%的农户都将农药作为高产出和高产品质量的保证（Damalas et al.，2006），就中国而言，近年来，农户对农药的使用量也呈不断上升趋势，并且其中相当一部分是高毒、高残留农药（张云华等，2004）。

然而，大量农药（特别是高毒性、高残留农药）在被使用过程中，普遍存在用药不规范、生产者自我保护程度低以及农药废弃物处理不当等现象（Plianbangchang et al.，2009），从而带来一系列不良后果。首先，化学农药，特别是高毒化学农药的大量使用，直接威胁着我国的农产品和环境安全（马晓旭和杨洁，2011）。其次，长期接触农药直接威胁着农民的身体健康。尽管农药使用与农户癌症之间的因果关系并没有得到完全证实，但长期使用农药与非霍奇金年代淋巴瘤、白血病、皮肤癌、多发性骨髓瘤等癌症之间存在一定的联系已经成为不争的事实（Mandel et al.，1996）。更加令人担忧的是，在使用农药过程中，农民普遍存在不恰当使用保护装备的现象，他们过度接触农药，存在较高的安全风险（Damalas et al.，2006）。再次，地区生态平衡被打破。随着农药的过量施用或不合理使用，生态平衡将受到严重破坏，这将对土壤、大气、水环境等产生不同程度的污染（杨小山和林奇英，2011）。并且如果长期大量使用农药，病虫害的天敌逐渐被杀灭，病虫害的抗药性逐渐增强，生物链也将遭受破坏（瞿逸舟等，2013）。最后，农药残留将影响中国农产品的国际竞争力。我国加入WTO后，农药残留超标成为制约我国农产品出口的最大限制，我国传统农产品的出口受到严重的威胁和挑战（傅新红和宋汶庭，2010）。近年来，中国大量农产品出口被退回，正是由于农产品中存在过多的农药残留。

可见，规范农户的用药行为迫在眉睫。农户用药行为受多方面因素影响，现阶段农药的容易使用性、方便存取性以及经济合理性等优点是农户使用农药的一般动机（Robinson et al.，2007）。除此之外，农户的用药行为，是否还受到其他因素的影响，各个因素之间的内在逻辑如何？探讨这些问题将有助于更好地理解农户用药行为，并为规范农户安全用药行为提供有效对策。

第二节 文献回顾与理论分析

从理性小农角度而言，农户施用农药行为是农户在利益驱动下，根据自身条件和周围客观的自然、经济和社会环境进行的生产性投资选择和技术采纳活动（张云华等，2004）。可见，农户只有综合考虑自身条件以及在用药过程中的各种因素之后，才会做出是否安全用药的决策。通过对国内外相关文献的查询与梳理以及对国内农业经济领域相关专家的访谈，本书将农户安全用药行为的相关因素分为三大类：一是包括农户性别、年龄、受教育程度、安全意识等信息的农户特征因素；二是包括土地、劳动力、组织化程度等信息的生产特征因素；三是包括农户对农药危害、农药回收等信息理解的农药认知因素。

一、农户特征因素（NHTZ）

国内外学者普遍认为，农户特征因素（尤其是年龄、受教育程度等因素）对农户安全用药行为存在显著的影响作用。

1. 年龄

大部分学者（关桓达等，2012；侯博，2012；毛飞和孔祥智，2011；傅新红和宋汶庭，2010）提出，年龄与农户安全用药行为呈显著的负相关关系，他们认为，年龄因素显著影响着农户在配药和施药时是否采取安全防护措施，年龄越大的农户在配药及施药时的安全意识及采取防护行为的可能性就越小。但也有个别学者（Parveen et al.，2003；马晓旭和杨洁，2011）提出，年龄和农业生产经验与安全用药行为呈正相关关系，因为年长的农民，具有更加丰富的农业生产经验，能够有效衡量农药使用的利弊。

2. 受教育程度

学者（Parveen et al.，2003；Hurtig et al.，2003；关桓达等，2012；侯博，

2012；马晓旭和杨洁，2011；瞿逸舟等，2013；吴林海等，2011；毛飞和孔祥智，2011；傅新红和宋汶庭，2010）普遍认为，农民的受教育程度与安全用药行为呈显著的正相关关系，因为受教育程度越高的农户对于农药安全认知有更好的理解。小部分学者（张云华等，2004；王志刚等，2011；魏欣和李世平，2012）在实证分析过程中得出不同的结论，他们认为，受教育程度对农户安全用药行为影响作用较小，甚至可能产生负影响，其原因可能在于中国农户普遍受教育程度低，实证分析结果容易因此而产生偏差。

3. 性别

部分学者（侯博，2012；傅新红和宋汶庭，2010）认为，男性比女性更倾向于实施安全用药行为，因为男性比女性更具有掌握农业方面技能的能力，对获得农业信息的欲望也更强烈。

4. 安全意识

部分学者（关桓达等，2012；马晓旭和杨洁，2011）提出，农户的安全意识越强，平时的用药行为也越规范，在具体配药及施药时采取安全防护措施的可能性也就越大。综合大部分学者的观点，本书假设农户特征对农户安全用药行为产生直接影响作用。

二、生产特征因素（SCTZ）

农户的农药使用行为也是农户生产作业的一部分，因此，学者普遍认为，生产特征将对农户安全用药行为产生一定的影响作用。

1. 生产规模

学者关于农户生产规模与安全用药行为的研究结论并不统一，有的学者（马晓旭和杨洁，2011；瞿逸舟等，2013）认为，两者存在显著的正相关关系，有的学者（周峰和徐翔，2007）却提出两者存在显著的负相关关系。这主要是因为现有研究并没有将农户的自有土地和租用土地进行划分，毕竟对农户而言这两种土地的产权性质完全不同。农户拥有自有土地的长期使用权，因而产权较为稳定；

而租用土地的期限一般只有1～2年，产权较不稳定。从这个角度来说，自有土地和租用土地的产权稳定性具有较大差异，因而它们对农户用药行为的影响作用也可能不同，农户在自有土地上实施安全用药行为的可能性相对更大。

2. 家庭劳动力数量

关于家庭劳动力数量与农户安全用药行为的研究，大部分学者（侯博，2012；瞿逸舟等，2013）都认为，两者之间存在显著正相关关系。但笔者依然认为，劳动力对于农户安全用药行为影响的研究，必须区分家庭劳动力和雇佣劳动力进行研究，因为雇佣劳动力与家庭劳动力的激励机制有所不同。

3. 组织化程度

大部分学者（张云华等，2004；傅新红和宋汶庭，2010）认为，作为组织成员，可以在一定程度上降低农户风险，使农户利益具备保障条件，同时组织在技术指导、品质要求和其他服务上会促进农户的安全用药行为。与此相反，魏欣和李世平（2012）则认为，参加专业合作社对农药使用量的降低作用微弱，这是因为专业合作社是在农户自愿的基础上形成的一种松散组织，其并没有实质的权力制约农户的生产行为。综合大部分学者的观点，本章假设生产特征对农户安全用药行为产生直接的影响作用。

三、农药认知因素（NYRZ）

一般行为学理论指出，人的行为是基于对事物的认知而产生的，因而大部分学者都认为，农户对农药的认知态度直接影响农户的安全用药行为。他们（Parveen et al.，2003；马晓旭和杨洁，2011；吴林海等，2011；张云华等，2004；王志刚和李腾飞，2012）提出，对农药有一定认知的农户，将更加了解农药污染和废弃物危害，因此，更倾向于实施安全用药行为。与此相反，魏欣和李世平（2012）却通过实证分析验证了从农户的自我防范意识来看，农户对农药危害性的认识并未对农药使用量的降低产生明显的影响作用。综合大部分学者的观点，本章假设农药认知对农户安全用药行为产生正向影响，即越了解农药污染情况和农药废弃物危害性的农户，其越倾向实施安全用药行为。

第三节　模型构建

一、假设与理论模型

借鉴国内外现有研究以及相关理论分析，本章将利用结构方程构建影响农户安全用药行为模型，主要基于三方面原因：一是本研究中的各个变量都是不可直接测量的变量，均需要通过一系列指标进行衡量，适合结构方程模型的分析范式；二是本研究的数据属于一手调查数据，可能存在一定的测量误差，而结构方程模型允许数据存在一定的测量误差并会通过误差项进行修正；三是本研究中的各个变量以及测量指标之间可能存在一定的相关关系，结构方程模型便于处理此类问题。

根据前人的研究结论，本章将提出如下假设并构建初步的理论模型（见图9－1）。该模型主要包括四个结构变量：农户特征（NHTZ）、生产特征（SCTZ）、农药认知（NYRZ）、用药行为（YYXW）。变量与变量之间的单向箭头表示因果关系（由因指向果），每一个因果关系对应一个假设。据此，提出如下假设：

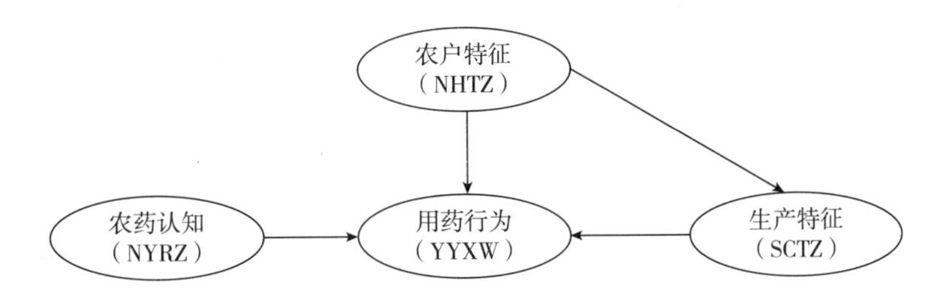

图9－1　农户安全用药行为理论模型

假设1A：农户特征对用药行为存在直接的影响作用。

假设2A：生产特征对用药行为存在直接的影响作用。

假设3A：农药认知对用药行为存在直接的影响作用。

假设4A：农户特征对生产特征存在直接的影响作用。

另外，也有部分学者认为农户特征（尤其是受教育程度）将对农户的农药认知产生一定的影响作用，但鉴于本章重点研究农户用药行为的影响因素，并且调研数据显示农户受教育程度具有较高的一致性，因而本章暂不考虑两者之间的影响作用。

二、变量与指标

理论模型中的四个变量均属于不可直接观测的变量，因此，需要通过相关的指标进行衡量。对此，笔者根据前人的研究设计出相关的调查问卷，并将每个变量都细化为2~5个可测量指标（具体见表9-1）进行数据收集。

表9-1　变量、指标与具体测量标准

变量	指标	具体测量标准
农户特征（NHTZ）	年龄（age）	1=[1，30)；2=[30，40)；3=[40，50)；4=[50，60)；5=[60，∞)（岁）
	性别（gen）	0=女；1=男
	受教育程度（edu）	1=小学未毕业；2=小学；3=初中；4=高中及技校职中；5=大学及大专
	安全意识（sec）	1=没买保险；2=1份保险；3=2份保险；4=3份保险；5=3份以上保险
生产特征（SCTZ）	自有土地（land）	1=没有地；2=(0，1)；3=[1，3)；4=[3，5)；5=[5，∞)（亩）
	租用土地（rent）	1=没有地；2=(0，1)；3=[1，3)；4=[3，5)；5=[5，∞)（亩）
	家庭劳动力（lab）	1=1；2=2；3=3；4=4；5=(5，∞)（人）
	雇佣劳动力（emp）	0=没有雇佣劳动力；1=雇佣劳动力
	组织化程度（org）	0=没有参加合作社；1=参加合作社

续表

变量	指标	具体测量标准
农药认知（NYRZ）	环境污染（env）	1 = 没有影响；2 = 不大；3 = 大；4 = 比较大；5 = 非常大（农药对环境的影响作用大吗?）
	废弃物回收（rec）	1 ~ 5 分打分（1 分是没必要，5 分为非常有必要）（是否有必要对农药废弃物进行回收?）
用药行为（YYXW）	自我保护（sel）	1 = 什么都没有戴；2 = 只戴口罩或只戴手套；3 = 戴口罩和手套；4 = 戴手套、口罩与雨鞋；5 = 全套打药雨衣
	规范用药（reg）	1 = 农药使用量没有超过国家标准并且没有使用违禁农药；0 = 其他情况
	塑料袋处理（pla）	1 = 随手丢弃；2 = 洗涤后使用；3 = 烧毁或埋土；4 = 扔垃圾场；5 = 卖给废品站
	塑料瓶处理（plb）	1 = 随手丢弃；2 = 洗涤后使用；3 = 烧毁或埋土；4 = 扔垃圾场；5 = 卖给废品站
	玻璃瓶处理（glb）	1 = 随手丢弃；2 = 洗涤后使用；3 = 烧毁或埋土；4 = 扔垃圾场；5 = 卖给废品站

1. 农户特征的测量

能够衡量农户特征的指标非常多，本章根据前人的研究，选择了具有代表性的年龄、性别、受教育程度和安全意识四个因素作为衡量指标。其中，年龄、性别、受教育程度是较多学者使用过的指标，在此基础上，还添加了安全意识作为第四个指标。其原因在于本章的研究主题为农户的安全用药行为，这无疑将受到农户安全意识的影响。该指标具体以农户购买保险个数来衡量。

2. 生产特征的测量

在现有研究中，衡量农户生产特征的常用指标有土地规模、劳动力数量以及农户组织化程度。考虑到租用土地的产权不稳定性和雇佣劳动力的懒惰性，故将土地规模进一步细分为自有土地和租用土地两项指标，将劳动力也进一步细化为家庭劳动力和雇佣劳动力两项指标。组织化程度则是采用农户是否加入合作社作为衡量标准。

3. 农药认知的测量

农药认知，是农户对农药各个方面的认识程度。结合本研究的主题以及前人的相关研究，笔者主要选择农户对农药危害性的认识程度来衡量农户的农药认知情况，以农药环境污染认知和农药废弃物危害认知两个因素作为测量项。

4. 用药行为的测量

从时间先后顺序看，农药施用行为一般可分为施药前、中、后三个阶段：药前阶段指的是农户阅读说明书情况；药中阶段指的是施药时的防护措施及合理用药情况；药后阶段指的是空农药器具的处理情况。结合本研究的调研数据，选取药中阶段规范、安全使用农药和药后阶段正确处理塑料袋、塑料瓶以及玻璃瓶两大类数据（共五项）作为用药行为的测量项。

第四节　实证检验

一、样本选择

本章研究的主题为农户安全用药行为，因此，调查对象必须是当前仍然在使用农药的农户。考虑到在现有农业生产者中，蔬菜种植户的农药使用量最多，因此，笔者将调查总体确定为广东省的蔬菜种植户。为了保证样本的时效性和代表性，2012 年 9 月，调查小组分别在广东省东南西北九个县市（白云、博罗、电白、海丰、揭东、普宁、阳春、阳山、增城）进行抽样调查，所选地区均属于蔬菜种植县城，经济条件有发达、一般、落后，具有代表性。本次调查总共发放了 274 份问卷，收回问卷 203 份，其中，有效问卷 169 份，有效回收率达到 83. 25%。

二、信度、效度检验

1. 信度分析

结合前人的研究，本章选取信度系数克隆巴赫α系数作为测量数据信度的指标，具体采用测量项目总相关系数（CITC）净化和删除“垃圾测量项目”等相关处理方式。业界一般认为：当α≥0.9时，信度非常好；当0.7≤α<0.9时，代表高信度；当0.35≤α<0.7时，代表中等信度；当α<0.35时，代表低信度。但社会学领域一般认为，当α≥0.5时，问卷的信度就是可接受的。当然具体的判断标准还应该根据问卷内容来调整，因此，也有人提出只要α≥0.3，信度就可以接受（李爱喜，2011；马龙龙，2010）。而本章的数据分析结果为两点：一是整体α值为0.508，说明问卷整体信度效果可以接受；二是大部分指标的单项α值都大于或者接近0.5，并且所有指标的单项α值都大于0.35，说明所有指标的信度都可以接受。

2. 效度分析

社会学领域一般将效度分为内容效度和结构效度两类。问卷的变量及指标是在前人研究和理论分析的基础上提炼出来的，因此，具有较高的内容效度。结构效度则需要通过具体指标来衡量，结合前人的研究，本章选取常用的两个指标（巴特利特球度检验和KMO样本测度）来判断样本是否达到效度要求（适合做因子分析）。业界一般认为：

（1）巴特利特球度指标的显著性概率P≤0.05，则达到效度要求（适合做因子分析）；

（2）当KMO值≥0.9时非常适合，当0.8≤KMO值<0.9时很适合，当0.7≤KMO值<0.8时适合，当0.6≤KMO值<0.7时不太适合，当0.5≤KMO值<0.6时很勉强，当KMO值<0.5时不适合。

而本章的数据分析结果为：

（1）巴特利特球度指标的显著性概率P=0.000，说明数据整体效度较好；

（2）KMO值=0.636，可做因子分析，但数据结果效度不是特别高。

3. 说明

克隆巴赫 α 系数和 KMO 值不高的原因可能有二：一是数据中既有二分变量又有五分变量；二是测量题项既有被访者的主观感知题目（如环境污染认知等），又有被访者的客观情况描述题目（如被访者的年龄等）。尽管上述两个指标的检验结果并未达到最优，但现有检验结果仍然表明本研究相关数据适合做社会学领域的计量分析。

三、模型拟合与评价

在模型结构的基础上，导入本研究的相关数据，通过极大似然估计方法，即可估计出具体模型，估计结果如表 9－2 和表 9－3 所示。

表 9－2 模型拟合效果

指数类型	统计检验量	实际拟合值	标准	效果
绝对适配度指数	GFI	0.856	>0.90	不理想
	RMR	0.093	<0.08	不理想
	RMSEA	0.084	<0.08	接近
	ECVI	1.732	理论模型小于独立模型和饱和模型	不理想
增值适配度指数	NFI	0.678	>0.90	不理想
	IFI	0.795	>0.90	不理想
	TLI	0.745	>0.90	不理想
	CFI	0.787	>0.90	不理想
简约适配度指数	PCFI	0.656	>0.50	理想
	PNFI	0.565	>0.50	理想
	卡方自由比	2.19	<2	不理想
	AIC	291.031	理论模型小于独立模型和饱和模型	不理想

资料来源：AMOS 6.0 分析结果。

表9-3 模型估计结果

路径	参数估计	S. E.	C. R.	标准化参数	备注
SCTZ <——NHTZ	-3.761	2.097	-1.794	-0.607	不通过检验
YYXW <——NHTZ	1.026	0.765	1.340	0.388	不通过检验
YYXW <——SCTZ	0.049	0.070	0.692	0.114	不通过检验
YYXW <——NYRZ	0.066	0.035	1.881	0.233	不通过检验
land <——SCTZ	1.000			0.411	通过检验
rent <——SCTZ	-2.876***	0.832	-3.459	-0.993	通过检验
lab <——SCTZ	-0.298**	0.111	-2.678	-0.229	通过检验
emp <——SCTZ	-0.168***	0.048	-3.488	-0.321	通过检验
org <——SCTZ	0.014	0.023	0.592	0.046	不通过检验
gen <——NHTZ	1.000			0.235	通过检验
age <——NHTZ	-3.921*	1.920	-2.042	-0.401	通过检验
edu <——NHTZ	2.045	1.272	1.608	0.218	不通过检验
sec <——NHTZ	-3.480*	1.622	-2.146	-0.544	通过检验
env <——NYRZ	1.000			0.847	通过检验
rec <——NYRZ	1.169**	0.414	2.825	0.780	通过检验
sel <——YYXW	1.000			0.264	通过检验
pla <——YYXW	4.045***	1.248	3.241	0.805	通过检验
plb <——YYXW	4.509***	1.384	3.259	0.882	通过检验
glb <——YYXW	4.160***	1.290	3.226	0.770	通过检验
reg <——YYXW	0.012	0.161	0.077	0.006	不通过检验

资料来源：AMOS 6.0 分析结果（其中***、**、*分别表示1%、5%、10%的置信水平）。

由表9-2可知，模型的整体拟合效果非常差，大部分指标都没能通过检验（仅有代表简约适配度指数的PCFI和PNFI通过检验）。由此可见，或者模型设定存在一定的问题，需对模型进行修正；或者本研究的数据存在较大问题，需要重新调研。而由表9-3可知，一方面，四个假设都没有通过检验，如将置信度下降至10%，也只有假设3和假设4能通过检验；另一方面，潜变量与各个测量项之间却只有三个路径（受教育程度对农户特征的路径、组织化程度对生产特征的路径和规范用药对用药行为的路径）没能通过检验。由此可见，测量项数据对于潜变量的解释效果并不差，因而更可能是因为模型设定存在问题，而并非数据存在问题。

据此，本章提出根据现有理论，参考相关文献，并结合实证检验所得的调整指数（MI）对本研究的初设理论模型进行修正。

四、模型修正

1. 理论分析与修正假设的提出

（1）生产特征对用药行为的影响。由前文分析可知，假设2是四个假设中犯错概率最高的假设，达到0.489，这说明该假设较不合理。即现有的数据并不支持农户的生产特征直接影响其用药行为，但前人的研究及相关理论却都提出生产特征对用药行为具有一定的影响作用。那么，唯一可能的解释就是生产特征对农户用药行为具有间接的影响作用，而并非直接的影响作用，生产特征可能通过影响农药认知或者农户特征间接影响用药行为。然而，农户特征是农户的客观条件，具有稳定性，不会受到生产特征的影响，因此，生产特征对用药行为的间接影响作用只能通过农药认知来实现。侯博（2012）和赵建欣等（2007）的研究也有类似的观点，他们认为种植面积、种地人数等生产特征对农户的农药认知具有显著的影响作用，种地人数越多、种植面积越大，则农药认知越深。据此，笔者提出农户的生产特征通过影响农药认知间接影响用药行为。

（2）农户特征对用药行为的影响。由前人的研究及相关理论可知，农户特征显著影响农户的用药行为，然而本章在实证分析中该假设并没有通过检验。笔者认为之所以存在这种现象，可能原因有二：一是该影响作用为间接影响作用，而并非直接影响作用；二是农户特征仅影响农户部分用药行为，并未影响农户全部用药行为。而由该假设的犯错概率（0.18）及C.R.值（1.34）可知，该假设仍存在一定的合理性。因而，导致假设不通过检验的原因应该是农户特征仅影响农户部分用药行为，并未影响农户全部用药行为，而不是两者之间仅为间接关系。据此，笔者提出农户特征对用药行为的影响作用应该区分不同的用药行为进行研究。

（3）用药行为的细化。在现有研究中，仅有个别学者（侯博，2012；瞿逸舟等，2013）对农药施用行为按时间顺序作出细分处理。他们之所以会细分施药行为，很大原因在于他们采用单一因变量的 Logistic 模型研究此问题，无法在一个模型中同时研究多个因变量，因而只能细分因变量，通过多个模型来处理。而现有采用结构方程模型研究此问题的文献中，没有学者提出将用药行为细化成多个潜变量的方法。但笔者也发现，在这些文献中，关于用药行为潜变量的测量项，都是仅仅体现药前、药中或者药后行为，并没有将不同阶段的行为同时作为农户用药行为的测量项。这无疑也给予我们启示：是否农户的药前、药中和药后行为具有较大的差异性，其影响因素有所不同？据此，本章提出即使采用结构方程研究此问题，只要用药行为的测量项涵盖了不同阶段的行为，就必须将用药行为细分为多个潜变量。根据本章的数据资料情况（仅考察了农户的药中和药后行为）以及前人的做法，本章将把用药行为细分为药中行为和药后行为两个潜变量。

1）药中行为。本研究的药中行为主要包括农户施药是否规范以及施药时是否穿着有效的保护装备。这一过程其实是与农业生产同时进行的，并且该过程中农户的任何行为变化都会对农业产出产生一定的影响作用。

2）药后行为。本研究的药后行为主要指农户如何处理农药废弃物，包括对塑料袋、塑料瓶和玻璃瓶的处理行为。这一过程其实已经不属于农户的生产行为，因为农户在此过程的任何行为都不会对农业产出产生重大影响。

（4）假设。由前文分析可知，生产特征将通过农药认知影响农户的用药行为，农户特征则只影响部分用药行为。而本研究的用药行为分为药中和药后行为，药中行为属于生产过程的一部分，药后行为属于个人行为的一部分，因而农户特征更可能是影响属于个人活动的药后行为。据此，本章将修正初设模型，重新提出如下修正假设：

假设 1B：农户特征对生产特征存在直接的影响作用。

假设 2B：生产特征对农药认知存在直接的影响作用。

假设 3B：农药认知对药后行为存在直接的影响作用。

假设 4B：农户特征对药后行为存在直接的影响作用。

假设 5B：农药认知对药中行为存在直接的影响作用。

2. 修正模型的构建与拟合

根据前文提出的新假设，本章再次利用软件 AMOS 6.0 进行模型构建与拟合，修正模型简化结构如图 9－2 所示。

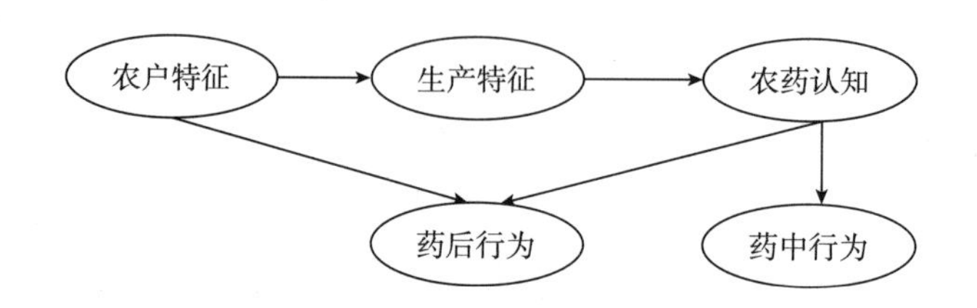

图 9－2　农户安全用药行为修正模型

为了达到最优的模型效果，本章采取渐进修正的方式，根据各个计量指标以及修正指数，对理论模型进行不断的修正完善。经过数次的误差项相关路径设置以及组织化程度指标路径调整后，模型拟合效果达到较优，具体拟合结果如表 9－4、表 9－5 所示。

表 9－4　修正模型拟合效果

指数类型	统计检验量	实际拟合值	标准	效果
绝对适配度指数	GFI	0.908	>0.90	理想
	RMR	0.056	<0.08	理想
	RMSEA	0.055	<0.08	理想
	ECVI	1.345	理论模型小于独立模型和饱和模型	理想
增值适配度指数	NFI	0.791	>0.90	不理想
	IFI	0.918	>0.90	理想
	TLI	0.890	>0.90	接近
	CFI	0.914	>0.90	理想
简约适配度指数	PCFI	0.716	>0.50	理想
	PNFI	0.620	>0.50	理想
	卡方自由比	1.511	<2	理想
	AIC	226.031	理论模型小于独立模型和饱和模型	理想

资料来源：AMOS 6.0 分析结果。

表 9 -5 修正模型估计结果

路径	参数估计	S. E.	C. R.	标准化参数	备注
SCTZ <——NHTZ	0. 899 *	0. 353	2. 550	0. 574	通过检验
NYRZ <——SCTZ	-0. 430 **	0. 140	-3. 081	-0. 358	通过检验
YHXW <——NYRZ	0. 270 *	0. 125	2. 168	0. 193	通过检验
YHXW <——NHTZ	-0. 662 *	0. 336	-1. 973	-0. 251	通过检验
YZXW <——NYRZ	0. 247 *	0. 101	2. 444	0. 900	通过检验
land <——SCTZ	1. 000			0. 422	通过检验
rent <——SCTZ	-2. 684 ***	0. 647	-4. 149	-0. 952	通过检验
lab <——SCTZ	-0. 313 **	0. 110	-2. 850	-0. 248	通过检验
emp <——SCTZ	-0. 175 ***	0. 049	-3. 605	-0. 344	通过检验
pla <——YHXW	1. 000			0. 804	通过检验
plb <——YHXW	1. 078 ***	0. 097	11. 162	0. 865	通过检验
glb <——YHXW	1. 052 ***	0. 100	10. 568	0. 787	通过检验
rec <——NYRZ	1. 720 ***	0. 305	5. 643	0. 950	通过检验
env <——NYRZ	1. 000			0. 691	通过检验
age <——NHTZ	1. 000			0. 416	通过检验
edu <——NHTZ	-0. 437	0. 253	-1. 731	-0. 190	不通过检验（通过 0. 1 的检验）
gen <——NHTZ	-0. 242 *	0. 117	-2. 059	-0. 230	通过检验
sec <——NHTZ	0. 950 **	0. 301	3. 153	0. 604	通过检验
reg <——YZXW	0. 589	0. 315	1. 866	0. 239	不通过检验（通过 0. 1 的检验）
sel <——YZXW	1. 000			0. 209	通过检验
emp <——> org	0. 341 **	0. 127	2. 684	0. 192	通过检验
e10 <——> e1	-0. 099 ***	0. 024	-4. 133	-0. 344	通过检验
e7 <——> e12	0. 167 ***	0. 051	3. 310	0. 253	通过检验
e12 <——> e14	0. 170 **	0. 056	3. 017	0. 299	通过检验
e7 <——> e10	0. 119 **	0. 041	2. 931	0. 220	通过检验
e11 <——> e3	-0. 155 **	0. 060	-2. 562	-0. 453	通过检验

资料来源：AMOS 6. 0 分析结果（其中 *** 、** 、* 分别表示 0. 1% 、1% 、5% 的置信水平）。

3. 结果诠释

（1）假设检验。由表9－4可知，修正模型的整体拟合效果较好，因此，可以运用计量所得的潜变量之间的系数来验证修正模型的假设，并且可以用标准化路径系数来代表每个路径影响程度的大小。而由表9－5可知，修正模型提出的五个假设均通过检验。即农户特征对生产特征存在直接的正向影响作用，影响程度系数为0.574；生产特征对农药认知存在直接的负向影响作用，影响程度系数为0.358；农药认知对药后行为存在直接的正向影响作用，影响程度系数为0.193；农户特征对药后行为存在直接的负向影响作用，影响程度系数为0.251；农药认知对药中行为存在直接的正向影响作用，影响程度系数为0.900。

（2）路径系数分析。在结构方程模型中，潜变量之间的影响关系包括三种效应：直接效应、间接效应和总效应。其中，总效应等于直接效应与间接效应之和。标准化后的直接效应、间接效应和总效应值，正是两个潜变量之间关系强弱的体现。由表9－6可知，在三个影响药中行为的因素中，首先是农药认知的影响作用最大（0.900），其次是生产特征（0.322），最后是农户特征（0.185），并且生产特征和农户特征都是通过农药认知进而间接影响药中行为的。在三个影响药后行为的因素中，农户特征的影响作用最大（0.291），既有直接效应又有间接效应；农药认知（0.193）的影响作用次之，仅产生直接效应；生产特征（0.069）仅对药后行为产生微弱的间接效应。

表9－6　潜变量之间的影响效应

潜变量之间的关系	直接效应	间接效应	总效应
农户特征——>生产特征	0.574	0.000	0.574
农户特征——>农药认知	0.000	－0.205	－0.205
农户特征——>药中行为	0.000	－0.185	－0.185
农户特征——>药后行为	－0.251	－0.040	－0.291
生产特征——>农药认知	－0.358	0.000	－0.358
生产特征——>药中行为	0.000	－0.322	－0.322
生产特征——>药后行为	0.000	－0.069	－0.069
农药认知——>药中行为	0.900	0.000	0.900
农药认知——>药后行为	0.193	0.000	0.193

资料来源：AMOS 6.0分析结果。

（3）测量项影响作用。由于每一个潜变量都是通过多个测量项来衡量的，因此实证结果也给予足够信息判断各个测量项对用药行为的影响作用。由表9－5和表9－6所得参数的符号以及本章数据统计特征可知：第一，越年轻、购买保险个数越少、受教育程度越高的男性农户，越倾向采取安全的药中行为和安全的药后行为；第二，自有土地越小、租用土地越大、家庭劳动力越多的有雇佣劳动力或有参加合作社的农户，越倾向采取安全的药中行为，这些因素对药后行为影响作用较小；第三，对农药污染和农药废弃物危害认知越深的农户，越倾向于采取安全的药中行为和安全的药后行为。

另外，在测量项影响作用中，关于自有土地和租用土地的影响作用，需要进一步说明。由实证结果可知，自有土地规模大小对药中行为和药后行为具有负向影响作用；租用土地规模大小则对药中行为和药后行为有正向影响作用。而前文通过理论分析提出，自有土地的地权稳定性相对较高，农民有更大的可能性在自有土地上实施安全用药行为；租用土地的地权稳定性相对较低，农民在租用土地上实施安全用药行为的可能性相对较低。实证结果似乎与理论分析不符，其实不然。因为理论分析是从地权稳定性角度提出，农户在自有土地上实施安全用药行为的可能性相对高于在租用土地上实施安全用药行为的可能性，因而应该分开剖析两种土地的影响作用。但是在租用土地一定的情况下，自有土地规模大小对农户安全用药行为的影响作用怎样？在自有土地规模一定的情况下，租用土地规模大小对农户安全用药行为的影响作用又是怎样？这则需要进一步分析。而实证结果也正是回答了上述两个问题。第一，在租用土地规模一定的情况下，自有土地规模较大的农户实施安全用药行为的可能性更小，其原因可能是中国农村土地细碎化现象严重，自有土地规模大的农户，他们经营的地块可能更加分散，将部分土地出租的可能性更大，因而地权稳定性相对低于自有土地规模小的农户，安全使用农药的可能性也因此而降低。第二，在自有土地规模一定的情况下，租用土地规模较大的农户实施安全用药行为的可能性更大，其原因可能是租用土地规模越大，越可能是规模经营的专业种植户，他们长期租用同一块土地的可能性更大，因而他们租用土地的稳定性更高，在租用土地上安全使用农药的可能性也因此而提高。由此可见，实证结果与理论分析并不矛盾，理论分析之所以提出自有土地上安全用药的可能性相对高于租用土地，是为了表明观点：第一，地权越稳定，安全用药的可能性就越高；第二，自有土地和租用土地在地权稳定性方面具有较大的差异，应该分开剖析两种土地的影响作用。而实证结果也支持了这样的观点，并且进一步指出，仅考虑自有土地时，自有土地规模越大，地权越不稳定，安全用药的可能性越低；仅考虑租用土地时，租用土地越大，地权越稳定，安全用药的可能性越高。

第五节　主要结论与政策建议

一、研究结论

本章通过对现有理论的修正以及实证检验，提炼出农户药中行为和药后行为的影响因素以及相应的效应系数。研究结果表明：

（1）药中行为的影响因素包括农药认知（既有直接作用又有间接作用）、生产特征（只有间接作用）、农户特征（只有间接作用），其中农药认知的影响效应最大；药后行为的影响因素包括农户特征（既有直接作用又有间接作用）、农药认知（只有间接作用）、生产特征（非常微弱的间接作用），其中农户特征的影响作用最大。

（2）农户特征对农户用药行为的影响作用具体表现为：农户安全实施药中行为和药后行为的倾向与年龄、购买保险个数成反比，与受教育程度成正比，并且男性比女性更倾向实施安全用药行为；生产特征对农户用药行为的影响作用具体表现为：农户安全实施药中行为和药后行为的倾向与自有土地规模成反比，与租用土地规模、家庭劳动力数量成正比，并且随着家庭有雇佣劳动力或农户有加入合作社而提升；农药认知对农户用药行为的影响作用具体表现为：农户安全实施药中行为和药后行为的倾向与农户对农药污染和农药废弃物危害认知成正比。

（3）农户不同阶段用药行为的影响因素有所不同，必须将农户用药行为划分为药中行为和药后行为并分别进行研究；农户自有土地和租用土地的地权稳定性有所不同，必须将农地规模划分为自有土地规模和租用土地规模；影响农户用药行为的不同因素之间可能会相互产生影响作用，研究中必须有所考虑。

二、政策建议

（1）加大农药科普宣传与培训力度，提升农户农药认知水平。由前文分析可知，农药认知对农户药中行为有非常强的直接影响效应，对药后行为也有一定的影响效应，因此，提高农药认知对于农户安全用药行为的促进效果将是事半功倍。就中国而言，农户对农药危害等信息的认知水平仍然十分不足（王志刚和吕冰，2009），而农药使用培训（关桓达等，2012）和农药安全宣传教育（傅新红等，2010）正是提高农户农药认知的有效办法。

（2）结合农户特征与利益，通过生产技术培训传播农药科普知识。农户农药认知水平的提升，一方面，需要加大农药宣传和培训总量；另一方面，还必须提高农药宣传和培训效率。由本章实证结论可知，农户特征与生产特征是农户农药认知的主要影响因素，因而结合农户特征和生产特征进行农药培训是提升农户农药认知的有效途径。首先，通过生产技术培训传播农药科普知识，毕竟这种与生产相关的活动对于提高农户农药认知效果最为明显，因为生产特征是农药认知的直接影响因素，并且效果系数较大；其次，要结合当地农户的特征，根据不同农户的性别、年龄、受教育程度进行不同的农药科普宣传工作；最后，基于农户利益进行安全用药的宣传推广，让农户清楚安全用药不仅可以保护自己的身体健康，同时也可提高农业收益。

（3）完善相关法规，标准化农业生产行为。由前文分析可知，农户特征中的安全意识变量对药中行为和药后行为都具有负向的影响作用，并且是农户特征中作用效果最大的一个项目。尽管这与最初的假设“安全意识越强的农户越倾向安全使用农药”相悖，但却从反面说明了农户普遍存在道德风险行为，即购买越多保险的农户，越倾向不安全使用农药。对此，必须进一步完善相关的农业生产法律法规，加大违规行为的惩处力度，从而减少道德风险行为，提高农业生产行为的标准化程度。

（4）加大安全用药行为的基本制度保障，协调数量安全目标与质量安全目标。农户安全用药，既包括用药数量的规范，也包括用药质量（高毒性农药）的控制，必须有一个稳定规范的制度环境作为保障。由本章实证结论可知，农户受教育程度、租用地规模都与农户安全用药倾向成正比。可见，农村教育制度与农地流转制度都是农户安全用药行为的基本保障。因而必须进一步完善农村教育制度，加强农村基础性教育的投入；继续完善农地流转制度，提高农地流转期限和扩大农地流转面积，从而为农户安全使用农药创建稳定有效的制度环境。

参考文献

[1] Damalas C A, Georgiou E B, Theodorou M G. Pesticide Use and Safety Practices among Greek Tobacco Farmers: Asurvey [J]. Environmental Health Research, 2006, 16 (5): 339 - 348.

[2] Mandel J H, Carr W P, Hillmer T, et al. Factors Associated with Safe Use of Agricultural Pesticides in Minnesota [J]. The Journal of Rural Health, 1996 (4): 302 - 310.

[3] Plianbangchang P, Jetiyanon K, Wittaya - areekul S. Pesticide Use Patterns among Small - scale Farmers: A Case Study from Phitsanulok, Thailand [J]. Southeast Asian Trop Med Pubic Health, 2009, 40 (2): 401 - 410.

[4] Robinson E J Z, Das S R, Chancellor T B C. Motivations behind Farmers Pesticide Use in Bangladesh Rice Farming [J]. Agriculture and Human Values, 2007 (24): 323 - 332.

[5] Parveen S, Nakagoshi N, Kimura A. Perceptions and Pesticides Use Practices of Rice Farmers in Hiroshima Prefecture, Japan [J]. Journal of Sustainable Agriculture, 2003, 22 (4): 5 - 30.

[6] Hurtig A K, Sebastián M S, Soto A, et al. Pesticide Use among Farmers in the Amazon Basin of Ecuador [J]. Archives of Environmental Health, 2003, 58 (4): 223 - 228.

[7] 王志刚，吕冰．蔬菜出口产地的农药使用行为及其对农民健康的影响——来自山东省莱阳、莱州和安丘三市的调研证据 [J]．中国软科学，2009 (11): 72 - 80.

[8] 张云华，马九杰，孔祥智等．农户采用无公害和绿色农药行为的影响因素分析——对山西、陕西和山东 15 县（市）的实证分析 [J]．中国农村经济，2004 (1): 41 - 49.

［9］马晓旭，杨洁．稻农无公害农药使用意愿及其影响因素研究——基于江苏省的调查数据［J］．江西农业大学学报（社会科学版），2011（4）：34－39.

［10］杨小山，林奇英．经济激励下农户使用无公害农药和绿色农药意愿的影响因素分析——基于对福建省农户的问卷调查［J］．江西农业大学学报（社会科学版），2011（1）：50－54.

［11］瞿逸舟，阳检，吴林海．分散农户农药施用行为与影响因素研究［J］．黑龙江农业科学，2013（1）：60－65.

［12］傅新红，宋汶庭．农户生物农药购买意愿及购买行为的影响因素分析——以四川省为例［J］．农业技术经济，2010（6）：120－128.

［13］关桓达，吕建兴，邹俊．安全技术培训、用药行为习惯与农户安全意识——基于湖北8个县市1740份调查问卷的实证研究［J］．农业技术经济，2012（8）：81－86.

［14］侯博．茶农的农药施用行为及其主要影响因素研究［J］．云南农业大学学报（社会科学版），2012（4）：16－21.

［15］毛飞，孔祥智．农户安全农药选配行为影响因素分析——基于陕西5个苹果主产县的调查［J］．农业技术经济，2011（5）：4－12.

［16］吴林海，侯博，高申荣．基于结构方程模型的分散农户农药残留认知与主要影响因素分析［J］．中国农村经济，2011（3）：35－48.

［17］王志刚，李腾飞，彭佳．食品安全规制下农户农药使用行为的影响机制分析——基于山东省蔬菜出口产地的实证调研［J］．中国农业大学学报，2011（3）：164－168.

［18］魏欣，李世平．蔬菜种植户农药使用行为及其影响因素研究［J］．统计与决策，2012（24）：116－118.

［19］周峰，徐翔．无公害蔬菜生产者农药使用行为研究——以南京为例［J］．经济问题，2008（1）：94－96.

［20］王志刚，李腾飞．蔬菜出口产地农户对食品安全规制的认知及其农药决策行为研究［J］．中国人口·资源与环境，2012（2）：164－169.

［21］马龙龙．中国农民利用期货市场影响因素研究：理论、实证与政策［J］．管理世界，2010（5）：1－16.

［22］李爱喜．农村信用社产权制度模式及决定因素研究［J］．农业经济问

题，2011（6）：64－69.

［23］侯博．茶农对农药残留的认知及其影响因素研究——基于浙江安吉的调研数据［J］．安徽科技学院学报，2012（2）：100－105.

［24］赵建欣，张晓凤．蔬菜种植农户对无公害农药的认知和购买意愿——基于河北省120家菜农的调查分析［J］．农机化研究，2007（11）：70－73.

［25］李晓嘉，刘鹏．新农村建设时期农村义务教育财政投入研究［J］．中南财经政法大学学报，2008（3）：77－81.

［26］蔡键，唐忠．要素流动、农户资源禀赋与农业技术采纳：文献回顾与理论解释［J］．江西财经大学学报，2013（4）：68－77.